AF568021

von der Oelsnitz

Demut: Leise Führung für eine laute Zeit

De|MUT

Leise Führung für eine laute Zeit

Wie wir in Zukunft führen müssen

von

Dietrich von der Oelsnitz

Verlag Franz Vahlen München

Dietrich von der Oelsnitz ist ord. Universitätsprofessor an der TU Braunschweig und leitet dort das Institut für Unternehmensführung und Organisation. Seine Arbeitsschwerpunkte sind die verhaltenswissenschaftlich grundierte Kooperations- und Leadership-Forschung. Er ist Autor mehrerer erfolgreicher Sachbücher, u.a. *Der Talente-Krieg* und *TEAM – Toll. Ein anderer macht's.*

Sprachlicher Hinweis

Die heutige Gesellschaft neigt leider dazu, dass biologische Geschlecht (Sexus) mit dem sprachlichen Geschlecht (Genus) zu verwechseln. Beides hat aber nichts miteinander zu tun: *Der* Mond und *die* Sonne besitzen kein Geschlecht. *Der* Elefant kann weiblich sein, *die* Giraffe natürlich auch männlich. Wenn ich also in diesem Buch das bewährte generische Maskulinum benutze, dann sind damit ausdrücklich und ohne Wertung alle Geschlechter gemeint.

ISBN Print: 978 3 8006 6830 4
ISBN ePDF: 978 3 8006 6831 1
ISBN ePub: 978 3 8006 6832 8

© 2022 Verlag Franz Vahlen GmbH, Wilhelmstr. 9, 80801 München
Satz: Fotosatz Buck
Zweikirchener Str. 7, 84036 Kumhausen
Druck und Bindung: Beltz Grafische Betriebe GmbH
Am Fliegerhorst 8, 99947 Bad Langensalza
Umschlaggestaltung: Ralph Zimmermann – Bureau Parapluie

Gedruckt auf säurefreiem, alterungsbeständigem Papier
(hergestellt aus chlorfrei gebleichtem Zellstoff)

Dieses Buch widme ich meiner lieben Frau Birgit, die mich nicht nur mit guten Ideen und frischem Tee am Arbeitsplatz versorgt, sondern seit nun drei Jahrzehnten mein Leben schöner macht.

Erwähnen möchte ich auch meinen „Edelhelfer" Dr. Michael Busch, der mich so oft schon inspiriert und mit geistreicher Lektüre beliefert hat. Beide ahnen gar nicht, wie viel sie zu diesem Buch beigetragen haben.

Großer Dank gebührt schließlich meinem Lektor, Herrn Dennis Brunotte. Er hat den Autor sehr einfühlsam und professionell durch dieses Projekt begleitet.

Inhaltsverzeichnis

Toxische Führung zerstört nicht nur Vertrauen

Aufrichtigkeit ist höchstwahrscheinlich die verwegenste Form der Tapferkeit.

– William Somerset Maugham

Diverse Fehlentwicklungen haben das Vertrauen in die Handlungsethik unseres politischen wie betriebswirtschaftlichen Führungspersonals inzwischen auf ein Minimum schrumpfen lassen – allen Responsibility-Projekten zum Trotz. In Summe rangieren Manager in den Listen der angesehensten Berufe mittlerweile hinter Gebrauchtwagenhändlern und Boulevardjournalisten; vor allem Topmanager haben Legitimitätsprobleme. Eine nahezu parallele Entwicklung finden wir im Bereich der politischen Entscheidungsträger. Plagiierte Doktorarbeiten, aufgepeppte Biografien, üppige Sonderzahlungen inklusive Gehaltskosmetik, ungenannte Ghostwriter sowie langes Kleben am Amt bei offensichtlichem Missmanagement – die Liste prominenter Beispiele wäre lang. Seien wir ehrlich: Die heute in Wirtschaft, Verwaltung und Politik aktiven Amtsträger wirken nicht immer glaubwürdig. Dies belegen nicht zuletzt die Studien der *Hambur-*

ger Stiftung für Wirtschaftsethik, die sich gerade auch mit dem Thema „Ethical Leadership“ intensiv beschäftigen.

In nicht wenigen Vorstandsetagen scheinen Gier und Machthunger die Moral zu übertrumpfen. Da ist u. a. der spektakuläre Skandal um die Insolvenz des Münchner Zahlungsdienstleisters *Wirecard*, dessen Wert in kürzester Zeit unter den Augen der Aufsichtsbehörde verpufft ist. Schlanke 20 Milliarden Euro Anlegergeld haben sich in Luft aufgelöst und so ganz nebenbei die größte Firmenpleite der Nachkriegsgeschichte verursacht. Der Leiter des Asien-Geschäfts, Jan Marsalek, soll auf den Philippinen untergetaucht sein. Oder in Moskau. Oder in Istanbul. Ob der derzeit inhaftierte Gründer Markus Braun von den diversen Luftbuchungen gewusst hat, muss noch vor Gericht geklärt werden. Die staatliche Finanzaufsicht hat dabei nicht nur jahrelang weggeschaut, sondern ausländische Investigativ-Journalisten sogar mit einer Klage überzogen. Was bleibt, ist ein für den Finanzplatz Deutschland menetekelhaftes Desaster mit zugleich hohem Symbolwert.

Weitere Geschichten als Beispiele überhöhter Selbstwahrnehmung und Größenwahns mit handfesten Täuschungsabsichten ließen sich auch in Gestalt des einstigen Karstadt-Chefs Thomas Middelhoff oder des ehemaligen Volkswagen-CEO Martin Winterkorn erzählen.[1] Destruktive Eigenschaften von Managern oder Spitzenpolitikern sind offensichtlich kein seltenes Phänomen.[2] Und doch – oder gerade deshalb? – sind diese Personen in ihre führenden Positionen gelangt und waren zumindest zeitweise äußerst effektiv. Offenbar vertrauen wir nicht selten den Falschen. Aber man benötigt gar nicht unbedingt knackige Geschichten von Bilanzfälschung, Datenmissbrauch, klammheimlicher Abgasmanipulation, Gehaltsexzessen oder Mobbing, um die Frage nach einer erneuerten Führungskultur oder gar einem komplett veränderten Führungsethos zu rechtfertigen. Denn offensichtlich hat sich etwas verändert in den westlichen Wohlstandsnationen.

Diesem „Etwas“ möchte ich in diesem Buch nachgehen – und natürlich fragen, wie man es besser machen kann. Möglicherweise ist eine alte und fast vergessene Tugend heute wieder ganz modern: Ich spreche von Demut und Bescheidenheit. Klar, dieses Leitbild taucht in den üblichen Merkmalskatalogen für Manager und andere Entscheider so gut wie nie auf. Die Geschäftswelt scheint anders zu ticken. Aber könnte sie nicht gerade deswegen etwas mehr Moral und Ethik brauchen? Gerade Menschen, deren Berufsleben durch Macht und

Prestige geprägt ist, deren Arbeitstag aus vielfältigen Interaktionen und Kontrolle anderer Menschen besteht, haben natürlich eine besondere Verantwortung. Besonders sie sind herzlich eingeladen, über die altmodische Tugend der Demut einmal intensiver nachzudenken. Denn effektives Führen braucht wechselseitige Akzeptanz. Und am Ende, so meine ich, einen ganz neuen Ansatz.

Im 21. Jahrhundert hängt der Erfolg von Unternehmen vor allem davon ab, wie sie mit ihrem Know-how umgehen. Leitungskräfte müssen daher vor allem soziale Funktionen beherrschen – Spezialisten miteinander vernetzen, unterschiedliche Perspektiven moderieren, Konflikte ausgleichen – und zudem jede Menge Gefühlsarbeit leisten. Kurz: sie müssen Kooperation sicherstellen. Damit wird die Persönlichkeit eines Managers zum entscheidenden Parameter. Und da hätten wir auch schon den zentralen Gedanken dieses Buches: Wenn es *Bad Leadership* gibt – was ist heute dann *Good Leadership*? Wodurch zeichnet sich diese aus? Welche Eigenschaften, aber auch welche Resultate kennzeichnen leise und bescheiden auftretende Führer? Und was ist mit den Geführten: Welche Wünsche und Ziele bewegen die? Man hört viel über den Unterschied zwischen den Generationen X, Y und Z – den heutigen Schülern und Studenten mit Umweltbewusstsein, digitaler Kompetenz und internationaler Vernetzung. Wollen die sich nicht lieber selbst führen, am besten in ständig wechselnden Projekten und interagierenden Teams? Wir sehr pocht die „Generation Greta“ überhaupt noch auf die persönliche Integrität ihrer Anführer? Und würden Sie, ganz persönlich, in Wirtschaft oder Politik einen Leader akzeptieren, der die Richtung nicht mehr entschlossen vorgibt, sondern stattdessen lieber das Kollektiv entscheiden lässt und dabei womöglich noch selbst seine eigene Unsicherheit eingesteht? Und schließlich: Wie gelangt man nicht nur als individuelle Persönlichkeit zu Demut, sondern am besten gleich als ganze Organisation?

Ich würde mich freuen, wenn Sie diese Fragen genauso faszinieren wie mich.

Lassen Sie uns darüber nachdenken, wie es gelingt, im Alltag gleichzeitig erfolgreich *und* integer zu sein.

1 Der Wind hat sich gedreht …

> Wo immer eine Organisation schlechte Leistungen erbringt, ist mit ihrem Management etwas nicht in Ordnung.
>
> – Fredmund Malik

In diesem Kapitel sondieren wir zunächst die veränderten Rahmenbedingungen unserer modernen Arbeitswelt. Exzellente Fachkräfte gewinnen an Einfluss und erwarten von ihren Vorgesetzten einen partnerschaftlich-unterstützenden Stil. Gleichzeitig wird immer mehr Arbeit digitalisiert oder auf Online-Plattformen ausgelagert. Die Karten werden neu gemischt.

Gesellschaftliche Verschiebungen – neue Werte und ein handfestes Legitimitätsproblem

Der Begriff „Führung“ ist heute manchem suspekt und erscheint dennoch in vielen Bereichen dringender denn je: Unternehmen, aber auch Behörden, Armeen, Theater, Universitäten, politische Parteien – ja ganze Nationen kommen ohne Leadership nicht aus. Moralische Orientierung und die Fähigkeit zur Vertrauensbildung gehören daher zu den Schlüsselfunktionen des 21. Jahrhunderts. Zu diesen sozialen Kompetenzen müssen intellektuelle treten. In dieser Reihenfolge: *erst die Integrität, dann die Qualifikation*. Wir leben schließlich in zunehmend lauten und komplizierten Zeiten und verlangen als Menschen dennoch nach einer gewissen Stabilität.

Gleichzeitig dominieren gesellschaftliche wie technologische Innovationen in nie gekannter Geschwindigkeit unser modernes Leben. Die Zukunft rast heran wie ein Güterzug. Ist Ihr neuer PC nicht eigentlich schon wieder veraltet? (Falls Sie überhaupt noch einen PC besitzen …) Wir beschleunigen uns immer schneller: Vom Pionierflug der Gebrüder Wright bis zur Mondlandung und dem ersten Fußabdruck von Neil Armstrong dort oben vergingen gerade einmal 66 Jahre. Jede und jeder muss sich beständig an eine Welt anpassen, die eben gerade ihre Beständigkeit verliert. Haben Sie nicht auch manchmal die Sorge, dass wir die Kontrolle über all diese Entwicklungen verlieren?

Millionen Arbeitsplätze sind gefährdet, gleichzeitig entstehen diverse neue Berufsfelder. Autos steuern sich schon jetzt selbst, Häuser und Wohnungen werden „smart“, Herzoperationen können virtuell über Kontinente hinweg durchgeführt werden. Das „ehrliche“ Papiergeld wird durch digitale Kryptowährungen abgelöst; und China hat am 3. Januar 2019 nicht nur die Rückseite des Mondes besucht, sondern will bis 2030 am Südpol unseres Trabanten die erste Dauerstation der Menschheit errichten. Viele fragen sich, wohin das alles noch führen soll.

Gleichzeitig zweifelt mittlerweile eine Mehrheit der Bürgerinnen und Bürger an unserem Wirtschaftssystem bzw. glaubt, dass wir in Wirtschaft und Gesellschaft einen gerechteren Neuanfang brauchen. Hierzu nur eine Facette: Die Humboldt-Uni in Berlin ermittelte 2017, dass das *durchschnittliche* Vorstandsgehalt in einem DAX 30-Unternehmen etwa 4,5 Mio. EUR im Jahr beträgt. Diese Summe entspricht 58 durchschnittlichen Arbeitnehmereinkommen. Damit sind in Deutschland die Vorstandsbezüge von 1987 bis 2017 um satte 1000 % gestiegen.[3] In US-Unternehmen registriert man zum Teil eine noch radikalere Einkommensschere. Das liegt zum einen an den deutlich größeren flexiblen Vergütungsanteilen amerikanischer Manager (die z. B. nach der Entwicklung des eigenen Börsenwertes bemessen werden), zum anderen an der typischen Leitungsstruktur der meisten US-Konzerne, die in der Regel durch das Fehlen einer einflussreichen Gegenmacht gekennzeichnet ist. In zahlreichen Ländern sieht es nicht wesentlich anders aus. Und über die Höhe der Abfindungen für ausscheidende Manager wollen wir hier lieber schweigen – Stichwort: Goldener Handschlag. Einer demütig-bescheidenen Haltung leisten solche Gehaltsdimensionen sicherlich keinen Vorschub. Unsere Leader müssen sich dringend neu orientieren; die Tugend der Demut könnte ihnen einen Weg dahin weisen.

In diesem Buch beleuchten wir Demut (engl. Humility) im Management als bewusstes Gegenstück zu menschlicher Selbstüberhebung, Narzissmus und Gier. Denn wenn Großunternehmen durch Aktionen ihrer Inhaber oder Topmanager beschädigt oder sogar zerstört werden, verlieren Angestellte ihren Arbeitsplatz (oder sogar ihre Gesundheit), Aktionäre ihr Kapital und der Kapitalismus seine Glaubwürdigkeit. Aus diesem Grund forderten auch deutsche Manager wie z. B. Alexander Dibelius, ehemaliger Deutschland-Chef der Investmentbank *Goldman Sachs,* bereits im Nachgang der Finanzkrise die Branche zu „kollektiver Demut" und einer großen Portion Bescheidenheit auf.[4] In dieselbe Kerbe schlägt der schon erwähnte Ex-Starmanager Thomas Middelhoff – genannt „Big T" – in seinem Buch *Schuldig. Vom Scheitern und Wiederaufstehen* (2019). Hierin berichtet er von seiner dreijährigen Haftstrafe und der bitteren Erfahrung des Scheiterns. Heute deutet Middelhoff seine persönliche Krise als seine größte Chance, nämlich Stolz, Gier und Machthunger loszulassen und inneren Frieden zu finden. Er rät seinen Lesern: Aus Stolz solle Demut werden, aus Selbstverliebtheit Bescheidenheit und aus Dominanz Solidarität mit anderen. „Big T" hat recht, denn am Ende gilt:

> Integre Organisationen werden von integren Personen gemacht.

Gönnen wir uns einen kurzen Blick zurück. Große Führungsgestalten wie Julius Cäsar, Mahatma Ghandi, Winston Churchill oder Nelson Mandela haben die Menschen schon immer fasziniert. Bei allen Unterschieden im Detail interessiert man sich teilweise noch nach Jahrhunderten für deren Schicksal. Dabei verläuft die Bewertung dieser Personen über die Jahre offenkundig in Wellenform: Auf Zeiten der Wertschätzung und Bewunderung folgen Zeiten der Skepsis oder gar Verdammung.

Diesem Schicksal sind auch bedeutende Unternehmenslenker ausgesetzt. Zwischen kollektiver Bewunderung und kollektiver Verdammung liegt oft eine nur kurze Zeitspanne. Sprach man in den 60er-Jahren noch ehrfurchtsvoll über Politiker wie Konrad Adenauer oder Willy Brandt, klangen Titel wie Generaldirektor oder Prokurist damals schwer respekteinflößend, so hat sich dies inzwischen radikal gewandelt. Nicht erst seit Oliver Stones Börsendrama *Wall Street* und seinem Hauptschurken Gordon Gecko (alias Michael Douglas) stehen Manager in einer zunehmend kritischen Öffentlichkeit immer häufiger unter Rechtfertigungsdruck. Oder gar einem kollektiven Generalverdacht. Vor unserem geistigen Auge entstand nach und nach das Bild von Menschen, die sich immer mehr von der Wirklichkeit entfernen und nur noch in einer Blase von Gleichgesinnten leben und entscheiden.[5]

Den Spitzenmanagern unserer Tage ergeht es medial etwas besser: Die gesellschaftliche Wahrnehmung innovativer Gründer und Lenker war zuletzt wieder etwas freundlicher. Steve Jobs, Jeff Bezos oder Elon Musk werden mehrheitlich als geniale Tüftler betrachtet, als kreative Schöpfer neuer Branchen und Geschäftsmodelle. Diese Manager-Ikonen werden weltweit über die Grenzen ihrer Arbeitswelt hinaus idolisiert wie sonst nur Popstars oder Sporthelden. Sie schaffen es oft sogar bis in die Klatschspalten von Lifestylemagazinen. Andernorts beginnen dann wieder die Zweifel: Sind unsere Manager zu gierig, in ihrer persönlichen Inszenierung nicht zurückhaltend genug? Flugs ist es mit der Herrlichkeit dieser Berufsgruppe auch schon wieder vorbei; es fallen Begriffe wie Abzocker, Amigo, Gauner. Denkmäler werden wieder gestürzt. Nur: Dem Denkmalsturz geht eben der Personenkult voraus. Wer aber hat diesen inszeniert? Die Manager? Die Medien? Die unwissende Öffentlichkeit? Gar die Mitarbeiter selbst? Eines bleiben all diese Leader für die Öffentlichkeit jedoch immer: interessant!

Und eben schillernd. Denn die persönlichen Exzesse und gelegentlich sogar psychopathischen Züge einiger Topmanager wurden zu recht als mitursächlich für die letzte große Wirtschaftskrise gesehen.[6] In einer Art Gegenbewegung wird daher seit etwa zehn Jahren in den

USA der eher leise und nachdenkliche Entscheider propagiert; also eine Person, die frei ist von den oft egomanischen Zügen vieler Topentscheider. Jean-Marie Messier, der frühere Vorstandsvorsitzende von *Vivendi*, der gelegentlich E-Mails mit „J6M", eine Abkürzung für Jean-Marie Messier Moi-Même, Maître du Monde („Meister der Welt"), unterzeichnete, oder auch Dennis Kozlowski, ehemaliger Vorstandsvorsitzende des Mischkonzerns *Tyco*, der sich 6000 US-Dollar für einen Duschvorhang und 17.000 US-Dollar für eine Reisetoilette durch den Verwaltungsrat bezahlen ließ, gehören da wohl eher nicht zu dieser Gruppe. Und Jack Welch, der sich einst bei *General Electric* konsequent jedes Jahr von den 10 % leistungsschwächsten Mitarbeitern trennte (er nannte sie *lemons*) auch nicht.

Typische Kennzeichen derart geprägter Personen sind übertriebene Risikofreude, die Neigung zur Außendarstellung und Selbstüberschätzung sowie – leider – ein partiell ausbeuterischer Egoismus (siehe ausführlich Kapitel 2). Aber seien wir ehrlich: Das sind Manager-Eigenschaften, die in einer Zeit, in der unser globales Wirtschaftssystem geprägt ist durch Fusionen, aggressive Markterweiterungen, Massenentlassungen und radikalen technologischen Wandel, durchaus nützlich sein können. Oder mit den Worten von Joseph Newman, einem renommierten Experten für Wirtschaftskriminalität von der *University of Wisconsin*: „Die Kombination von geringer Risikoaversion und fehlenden Schuldgefühlen – den beiden zentralen Säulen der Psychopathie – kann je nach Umstand zu einer erfolgreichen Karriere im kriminellen Milieu oder im Business führen. Manchmal zu beidem".[7]

Der Anteil von Psychopathen unter den Führungskräften beträgt etwa 6 % – und liegt damit um das Sechsfache über der Allgemeinbevölkerung.[8] Dies hat Bob Hare, ein weiterer Spezialist auf diesem Gebiet, zusammen mit einem Kollegen herausgefunden. Mit ihm hat er auch den „B-Scan" entwickelt, mit dem man die psychopathischen Anteile einer Persönlichkeit in der Wirtschaftswelt ermitteln kann. Zuvor hatten beide die Beförderungsplanung für mehrere hundert nordamerikanische Führungskräfte analysiert und dabei herausgefunden, dass ein klarer Zusammenhang zwischen deren auffälligen Merkmalen und dem ihnen attestierten Entwicklungspotenzial bestand.[9] Die Manager beurteilten offenkundig nach anderen Maßstäben als die Mitarbeiter. Diese stimmen aber mit den Füßen ab, wenn sie täglich unter solchen Chefs arbeiten müssen: indem sie nämlich auf Energiesparmodus umschalten – oder erkranken.[10] Der Anteil dieser Beschäftigten, die nur noch im Schongang arbeiten und innerlich längst gekündigt haben, liegt in den westlichen Industrieländern seit Jahren stabil bei 60–70 %. Was für eine gigantische Verschwendung von Arbeits- und Lebenszeit.

Ganz in diesem Sinne ermittelte 2018 eine großangelegte Studie des US-Personalvermittlers *Randstad,* dass 60 % der kündigenden Mitarbeiter ihren Arbeitgeber vor allem deshalb gewechselt hatten, weil sie ihren direkten Chef nicht mochten.[11] Ein ähnliches Resultat erbrachte bereits eine GALLUP-Studie mit über 7.000 Befragten in den USA: Danach wechselte jeder Zweite den Job, weil er oder sie im Laufe der eigenen Karriere weg von dem eigenen Vorgesetzten und damit das eigene Leben verbessern wollte.[12] Da weiß man, was geschieht, wenn der soeben skizzierte Leadertyp auf die heutige Arbeitnehmergeneration trifft. Von dieser heißt es, sie wäre verwöhnt, etwas selbstverliebt, mit großen Ansprüchen bezüglicher individuell auf sie zugeschnittener Arbeitsbedingungen unterwegs, suche vor allem Arbeitssinn, achte auf die Work-Life-Balance – und würde überhaupt jegliche Art von autoritärer Führung ablehnen. Alles muss unmittelbar begründet werden und subjektiv nachvollziehbar sein. Formale Ämter und Titel zählen nicht, Führungseingriffe müssen immer wieder sachlich wie ethisch legitimiert werden.

Führungsexperten und Trendforscher warnen schon seit vielen Jahren vor dieser Erosion simpler Amtsautorität. Insbesondere die gut qualifizierten Wissensarbeiter des 21. Jahrhunderts verlangen nach höherwertigen Stimulanzien; sie wollen vom Leader überzeugt, wenn nicht beeindruckt werden. Sie wollen anerkannt werden, aber auch selbst anerkennen. Die Herrschaftsform der Hierarchie – der Begriff leitet sich eigentlich von religiöser Macht ab: *hieros* ist der „Heilige“, Hierarchie also die Herrschaft der Heiligen – wird zumindest in den hochentwickelten Volkswirtschaften mehr und mehr abgelöst von der sogenannten Expertokratie, der Herrschaft der Fachleute. Kurz gesagt:

Fachautorität schlägt Amtsautorität.

Machtverschiebung und Plattform-Arbeit – eine neue Arbeitswelt entsteht

Der traditionelle Industriebetrieb hatte die Form einer Pyramide, d.h. das für den Geschäftsbetrieb wesentliche Wissen war in einigen wenigen Köpfen an der Unternehmensspitze konzentriert. Darunter kam dann das große Heer der lediglich Ausführenden (fast wie in einer Armee). Entsprechend uninformiert waren die Mitarbeiter. Kreativität entstand dadurch, dass man „von oben" Ausnahmen von der Regel zuließ. Heute sitzt die eigentliche Expertise bei den Personen an der sogenannten operativen Basis; diese wollen (und können) sich in der Regel selbst führen. Die klassisch kontrolldominierte Führung „von oben" ist dementsprechend unbeliebt – genauso wie Hahnenkämpfe und Kompetenzgerangel unter den Verantwortlichen. Die talentierten Mitarbeiter sind vor allem an interessanten Problemen interessiert und schätzen bedeutsame, sinnerfüllende Aufgaben (vgl. Kapitel 3). Mehr Gehalt zu bekommen ist schön, aber kein intrinsischer Motor. Vor allem die Spitzenleute möchten heute zuvorderst über Jobinhalte reden – nicht über Titel oder die Größe ihres Büros. Wie anders viele Topmanager![13]

Konsequenterweise kann es in diesem Setting keine situationsunabhängigen Über- und Unterordnungsbeziehungen mehr geben. Stattdessen grüßt die Holokratie mit ihrem konsequenten Dezentralisierungsstreben: Aus Abteilungen werden „Zirkel", aus Funktionen werden „Rollen". Das Ganze bitte möglichst agil. Früher unterschied man zwischen Sachaufgaben und Führungsaufgaben; diese Trennung ist inzwischen mehr und mehr obsolet. Die bisherige Statushierarchie wird mehr und mehr von einer funktionalen Kompetenzhierarchie abgelöst. „Die modernen Wissensarbeiter sehen sich heute als Gleichberechtigte gegenüber ihren Auftrag- oder Arbeitgebern. Sie fühlen sich nicht als Angestellte, sondern als „Professionals" – so die Managementlegende Peter Drucker bereits 1982.[14]

> Die klare Rollenverteilung zwischen allwissenden Bossen und passiven Befehlsempfängern ist damit Geschichte.

Möglicherweise ist es also doch mehr als eine absatzfördernde Übertreibung, wenn diverse Managementautoren das „Ende des Managements" beschreiben.[15] Indizien für zumindest eine grundlegende Umwälzung sind:

- immer mehr flexible Workspaces (in bestimmten Branchen nutzen bis zu 70 % der Beschäftigten unterschiedliche Arbeitsorte),
- immer häufiger flexible Arbeitszeiten,
- immer häufiger räumlich isolierte Arbeit und Kooperation auf Distanz,
- immer häufiger Arbeit in sogenannten Matrix-Teams, also projektbasierten, multiplen Hierarchien. In diese hinein werden in den Firmen mehr und mehr Entscheidungen verlagert; ohne direkte Einbeziehung einer Führungsperson „von oben". Peer Groups ersetzen hier den herkömmlich Amtsträger.

Ein ethischer Kompass und persönliche Lauterkeit beim Arbeitgeber sind trotzdem gefragter denn je. Der Gewerkschaftsfunktionär Ulrich Klotz erkannte das bereits vor vielen Jahren: „Bürokratische Hierarchien, die auf Angst und Einschüchterung basieren und in denen sich formale Autorität vor allem in Statussymbolen und Titeln manifestiert, rufen heute bei den ‚Net-Kids' nur noch Kopfschütteln hervor. Ob sich jemand ‚XY-Leiter' nennt oder ein größeres Büro hat, interessiert im Internet niemanden. Dort zählt nur die Brillanz von Ideen und die tatsächliche Leistung".[16] So ist es.

Aus Unternehmenssicht stellt sich die Sache so dar: Eigentlich sucht man Mitarbeiter-Unternehmer in eigener Sache, die sich bei Bedarf selbstständig mit den verschiedenen Fachexperten (im oder außerhalb des Unternehmens) abstimmen und im Regelfall keine direkte Dienstaufsicht mehr benötigen. Ihre Projekte selbst organisieren, ihren Workload genauso sorgsam kontrollieren wie ihre Beziehungen und ihre Laufbahn: *Think like a manager, act like a manager!*

Es gibt diverse Belege dafür, dass mit zunehmender Autonomie das Engagement in der Belegschaft wächst, die Fehlersensibilität steigt und damit letztlich auch die Performance.[17] Die Frage ist dann, welche Rolle für die einstigen Krawattenträger im Leitungskreis übrigbleibt. Der Chef oder die Chefin ist inzwischen nur noch erforderlich, wenn man sich festgerannt hat und nicht mehr weiterweiß. Anders gesagt:

> Führungskräfte erhalten ihren funktionalen Wert nur noch durch die Qualität ihrer Beziehungen zur Workforce.

Sie müssen zum helfend-unterstützenden Coach werden, d.h. in der Lage sein, zu ihren Anvertrauten eine persönlich hochwertige Beziehung aufzubauen. Dies umfasst Vertrauen, Offenheit, individuelle Förderung und Loyalität. Führungskräfte, die nicht radikal umdenken oder diesen persönlichen Ansatz nicht hinbekommen, werden scheitern.

Das richtet den Scheinwerfer auf unser Thema: bescheidene und selbstreflektierte Leader, denen man vertrauen kann. Denn die Machtbalance zwischen den Beschäftigten und ihren Vorgesetzten wird sich dramatisch verschieben – nicht die Führungskräfte werden knapp, sondern die exzellenten Mitarbeiter!

In den USA macht allerdings gerade der Begriff „Great Resignation" die Runde. Obwohl sich die Konjunktur nach diversen Corona-Wellen langsam wieder erholt, kündigen vor allem hochqualifizierte Mitarbeiter, pro Monat bisweilen über vier Millionen im Land. Auch in Deutschland wurde zuletzt eine zunehmende Wechselbereitschaft registriert; Ende 2021 liebäugelte fast jeder zweite Arbeitnehmer mit einer Kündigung. Und die Besten gehen immer zuerst – gerade, wenn die Identifikation mit dem Arbeitgeber abnimmt. Aus Arbeitskraft wird dann schnell Fliehkraft. Im Gegenzug erhalten individuelle Freiheitsgrade gerade in der beruflichen Sphäre eine immer größere Bedeutung. Flachere Hierarchien, freie Ortswahl und Zeitautonomie fordern speziell die Könner immer nachdrücklicher ein. „Wenn es immer mehr Unternehmen gibt, die ihren Mitarbeitern die Chance geben, von einem Ort ihrer Wahl zu arbeiten, dann hält die Menschen nichts mehr in monotonen Jobs, die sie irgendwann mal wegen der Nähe zum Wohnort ausgesucht haben", schreibt ein maßgebendes Wirtschaftsmagazin im September 2021.[18] Dies könnte zugleich das Ende einer klassischen Arbeitnehmertugend sein: nämlich Loyalität. Der zukunftstaugliche Leader muss folglich eine neue Haltung mitbringen: er ist deutlich zurückhaltender und betont teamorientiert. *Seine Autorität fußt vor allem auf gegenseitigem Vertrauen – dem Schmiermittel jeglicher Kooperation.* Alles andere wird auf Dauer nicht mehr funktionieren.

Allen Insidern ist außerdem klar, dass der heutige globale Wettbewerb um Hochtechnologie nur durch die Zusammenarbeit von Hoch- und Höchstqualifizierten gewonnen werden kann (man lese Gunnar Heinsohns Buch *Wettkampf um die Klugen* und erschrecke) und dass gerade dieser Arbeitnehmertypus eine ganz andere Ansprache erwartet. Von diesen Personen mit höchster Kompetenz und Expertise muss auch zukünftig eine Mindestanzahl – insbesondere im Vergleich mit China, Japan, Südkorea – in Deutschland und Europa vorhanden sein; ansonsten wird es eng, unsere internationale Wettbewerbsfähigkeit leiden. Allerdings hat dieser Personenkreis eigene Werte und Kriterien: *The best want to work with the best.* „Agglomerationseffekt" nennt man das in der Sprache der Wissensökonomie. Und dazu gehört dann wiederum die Erwartung wahrlich exzellenter Personalführung. Dieser zugleich hochkompetente und hochempfindliche Beschäftigtenkreis erwartet Führung mit Autorität – aber keine autoritäre Führung!

Ein weiterer Adressatenkreis für ein neues Führungsmodell ist das stetig wachsende Heer der Solo-Selbstständigen. Diese sogenannten *Click- und Crowdworker* arbeiten als „Arbeitskraft-Unternehmer" elektronisch und auf Distanz. Der „Working Space" ist hier das eigene Wohnzimmer. Die Fokussierung der gesellschaftlichen Debatte auf die Arbeitslosen hat uns diese folgenreiche Entwicklung in der Mitte des Arbeitsmarktes lange übersehen lassen; letztlich ist durch diese aber eine ganz neue Form von Arbeit entstanden. Crowdworker und andere Solo-Selbständige erledigen Arbeiten im mittleren bis unteren Anforderungsbereich, helfen bei Umzügen oder im Garten, erfassen Kundendaten, designen betriebliche Webseiten, testen und kommentieren Neuprodukte.[19] Das heißt aber noch lange nicht, dass sie deshalb auf Führung und fachliche Unterstützung verzichten wollen.[20]

Firmen wie *Upworks*, *Freelancer*, *Task Rabbit*, *Amazon Mechanical Work* oder *Uber* sind die bekanntesten Protagonisten dieser vergleichsweise jungen Form der Organisation ökonomischer Aktivität. Die entsprechenden Geschäftsmodelle, die die Wissenschaft als „Plattformökonomie" oder auch „Gig-Economy"[21] bezeichnet, wurden durch den fortschreitenden Ausbau von Speicherkapazitäten und Serverleistungen möglich. Sie bringen nicht selten im globalen Maßstab Angebot und Nachfrage zusammen. Die Betreiber der virtuellen Online-Plattformen vermitteln Geschäftsbeziehungen wie ein Makler und bewerten sie in der Regel auch final. Hierdurch werden sich die zukünftigen Arbeitsbeziehungen in diesem Bereich der Wirtschaft massiv verändern bzw. tun dies jetzt schon: Festangestellte wandeln sich zu professionellen Teilzeitarbeitern mit eigenem Versicherungsrisiko. Und werden in aller Regel zu einem austauschbaren Element in der globalen Wertschöpfungskette.[22] Braucht es da überhaupt noch Führung?

Man kann natürlich endlos über die Vor- und Nachteile virtueller Arbeit diskutieren – aber ändern wird das wohl nichts mehr. Allerdings: Wenn sich die künftigen Arbeitsbeziehungen weiterhin so virtualisieren, also noch radikaler in den privaten Lebens- und Arbeitsbereich zurückverlagern, dann verschwimmen Arbeits- und Familienzeit unauflöslich ineinander. Das ist nicht unbedingt jeder Familie förderlich. Letztlich landet man – von den Produktionsbedingungen her – damit eigentlich wieder im Mittelalter. In einer Zeit vor der Erfindung der Manufakturen und modernen Fabriken; einer Zeit, in der noch in häuslichen Familienstrukturen produziert und verkauft wurde.

> Entpersönlichung und Entgrenzung von Arbeit: auch das wird also Teil unserer Zukunft sein.

Wir haben bereits über die neue Beziehung zwischen Leadern und Experten gesprochen. Daher drängt sich vor dem Hintergrund der stark verbesserten Möglichkeiten zur Überwachung und analytischen Durchdringung der Arbeitnehmerschaft eine letzte Reflexion zum Thema „neue Möglichkeiten und neue Gefahren“ auf. Das, was in vielen Medien auf politischer Ebene als Überwachungskapitalismus („surveillance capitalism“) gerade heiß debattiert wird, findet sich in einer nahen Entsprechung auch in den Unternehmen und anderen Organisationen wieder. Damit sind nicht so plumpe Aktionen gemeint, wie sie z. B. von *Lidl* oder der *Deutschen Bahn* bekannt geworden sind. Der Einzelhandelsriese aus dem Süddeutschen ließ heimlich Kameras auf Firmentoiletten installieren, um die ausgedehnten Pausenzeiten seiner Mitarbeiter protokollieren zu können; die Bahn griff ohne Kenntnis der Betroffenen auf die Bankkonten ihrer Einkaufsmanager zu. Man hatte Hinweise auf Korruption und Vetternwirtschaft erhalten und hoffte durch den Blick auf die etwaigen Geldüberweisungen einiger Zulieferer konkrete Anhaltspunkte für diesen Anfangsverdacht zu bekommen. Nein, hier ist die Rede von einer systematischen Durchleuchtung des Mitarbeiterverhaltens.

Diverse Firmen zunächst aus den USA liefern seit Längerem die Soft- und Hardware für diese Art der „Optimierung“, die u. a. unter dem Stichwort *People Analytics* vonstattengeht. „Wir unterstützen Sie bei Analyse und Optimierung von HR-Prozessen. Kontaktieren Sie uns! Beginnen Sie mit datengetriebener Personalarbeit. Unsere Berater unterstützen Sie dabei!" – so oder so ähnlich liest man es auf den Startseiten von Unternehmen wie *Kienbaum*, *Humanyze* oder *Analytics System*. *SAP* macht inzwischen auch mit und begründet dies damit, dass so „Entscheidungen ohne Vorurteile" möglich würden. „Predictive Analytics" heißen diese Programme, mit deren Hilfe sich sogar das zukünftige Verhalten des Personals voraussagen lässt. Auf diese Weise lassen sich Anreizsysteme optimieren, die richtigen Personen für eine Einstellung oder Beförderung finden (Talent Analytics, Workforce Analytics), eine bessere Teamstimmung erzeugen und insgesamt das betriebliche Geschehen optimieren. Auch hier hinein wirkt die Künstliche Intelligenz. Dass einer der Anbieter auch noch *Qualtrics* heißt, dürfte Zufall sein.

Die Multikonzerne *Nestlé* und *Unilever* gehören ebenso zu den Anwendern wie das in Hannover ansässige Versicherungsunternehmen *Talanx*. Nun wird auch hier aus der Stimmhöhe oder dem Sprechtempo eines Menschen darauf geschlossen, wie engagiert (oder gelangweilt) dieser am Bürotisch sitzt, wie gut jemand im Team jemand anders leiden kann und wer am motiviertesten auf die nächste Beförderung hinarbeitet. Die Performance wird nebenbei minütlich miterfasst. Zuspätkommen und Zufrühgehen natürlich auch, ebenso wie jeder einzelne Mausklick am PC. In der Folge werden vorhandene Leistungsreserven oder Antipathien gegenüber dem Chef aufgedeckt. Arbeitsstress und Konkurrenzdruck steigen; Bummelei war einmal. *Humanyze* z. B. hat einen Betriebsausweis mit je zwei Mikrophonen entwickelt, der nicht nur die aktuelle Gemütslage des Mitarbeiters analysiert, sondern gleich noch praktischerweise ein ganztägiges Bewegungsprofil miterstellt. Die Software von *Veriato* aus Florida kann sogar registrieren, wie sich im Tagesverlauf der Tonfall in E-Mails ändert.[23]

Eigentlich ist das Ganze in Deutschland ja mitbestimmungspflichtig. Eigentlich. Denn wer sich diesem hilfreichen neuen „Tool" in praxi widersetzt, der dürfte sich als Zweifler oder Minderleister verdächtig machen. Wir brauchen also nicht nach China zu schauen, um die Umrisse der schönen neuen Arbeitswelt erkennen zu können. Mobiles Arbeiten, Big Data und das allgegenwärtige Tracking sind schon lange keine Ausnahmeerscheinungen mehr. Die permanente Kontrolle am Arbeitsplatz offenbar auch nicht. Es ist nichts weniger als das Ende der Vertrauensorganisation.

2 Negative Traits als Gegenteil demütig-leiser Führung

> Wer zugrunde gehen soll, der wird zuvor stolz; und Hochmut kommt vor dem Fall.
>
> – Bibel: Sprüche 16, Vers 18

In diesem Kapitel klären wir den Begriff der Führung und greifen anschließend das Gegenteil demütigen Führens auf: Was kennzeichnet narzisstische und machtverliebte Leader? Haben die in unserer wettbewerbsorientierten Arbeitswelt nicht vielleicht doch die besseren Karten? Wie gehen diese mit ihrer Macht um und welche Folgen hat das für die Beschäftigten?

Was ist das eigentlich: Führung?

Welche Organisation man sich auch ansieht – Verwaltungen, Parteien oder eben auch Unternehmen –, die Führungswelt hat neue Regeln. Es geht immer weniger um Konformität und Gehorsam, dafür mehr um Delegation, Eigeninitiative und Mitdenken. Das schon überstrapazierte Modell des agilen Unternehmens zielt nicht zufällig in genau diese Richtung. Dabei haben alle mit Führung beauftragten Personen neben der Erfolgs- immer auch eine Humanverantwortung; es geht unter anderem darum, seinen Mitarbeitern dabei zu helfen, ihr Potenzial auszuschöpfen. Leader müssen Ziele erreichen und sich gleichzeitig gegenüber ihren Untergebenen offen und fair verhalten. Oder anders: „All leaders face the challenge of how to be both ethical and effective in their work“.[24]

Bevor wir im nächsten Kapitel zu den Merkmalen einer sowohl effektiven aus auch ethisch integren Führung kommen, lohnt es sich, das Gegenteil davon in den Blick zu nehmen. Die dadurch aufscheinenden Unterschiede werden das anschließend vorgestellte Konzept der demütigen Führung („Humble Leadership“) noch schärfer konturieren. Aber vielleicht definieren wir erst einmal, was wir unter Leadership bzw. Führung verstehen. Schillernd ist der Begriff – und unterlag in den Jahrhunderten vielfältigen Richtungswechseln. Jeder und jede von uns definiert Führung wohl etwas anders und betont dabei andere Aspekte.

In den Wirtschaftswissenschaften hat man sich angewöhnt, den intentionalen Charakter von (Mitarbeiter-)Führung herauszustellen: Die Führung von Beschäftigten ist dann sinngemäß ein „systematischer Einflussprozess zur Erreichung betrieblicher Ziele“ (sog. *funktionaler* Führungsbegriff). Laien glauben, Leadership würde bedeuten, Menschen zu etwas motivieren zu können, was sie ansonsten nicht getan hätten. Dies geschähe durch inspirierende, emotionale Apelle oder auch charismatisch vorgetragene Visionen, denen sich keiner zu entziehen vermag.

Organisationssoziologen würden dagegen wohl eher eine besondere Position betonen, die jemand in einem Kollektiv innehat (sog. *strukturaler* Führungsbegriff) bzw. Führung als die Durchsetzung eines Fremdwillens sehen – im Sinne einer asymmetrischen Fremdbestimmung (sog. *machtbezogener* Führungsbegriff). Wieder andere machen es sich ganz einfach und meinen, Führung sei eben ein allgegenwärtiges Phänomen (*neutraler* Führungsbegriff). Philosophisch angehauchte Autoren schließlich vergleichen Führung mit Wasser: Man braucht es zum Leben, es kann aber im Übermaß auch schaden. Wie soll man Wasser einem Blinden beschreiben? Es ist eben diffus, bildlich schwer zu greifen. Mal blau, mal grün, mal grau. Manchmal rauscht es laut, manchmal ist es still und geheimnisvoll wie ein Spiegel. So, wie eben auch die Führung. Mir gefällt hier am besten die von John C. Maxwell gelieferte Deutung: *„A leader is one who knows the way, goes the way, and shows the way.“*

Führung ist auch nicht dasselbe wie Management. Der bekannte Autor und Berater Reinhard Sprenger unterscheidet beide Konzepte strikt voneinander. Während sich Management vor allem um Zahlen und Prozesse dreht – und insofern ein erlernbares Handwerk ist –, dreht sich Führung allein um Menschen. Sie tritt dann auf den Plan, wenn die Dinge schwierig werden, wenn das Unternehmen (oder der Staat) vor neuartigen Herausforderungen steht. Wenn Konflikte moderiert, unterschiedliche Interessen austariert, Neuland betreten werden muss. Wenn „business as usual“ eben nicht mehr ausreicht. Hierfür braucht es eine konkrete Haltung.

Management ist Handwerk, Führung bedeutet Haltung,

d. h. ein glaubwürdiges Set persönlicher Werte und Überzeugungen. Führung ist letztlich Charaktersache.

Schon in der Antike – aber durchaus auch noch später – dachte man, Führer wird und bleibt, wer über bestimmte Merkmale und Persönlichkeitszüge verfügt. Diese eher grundsätzlichen, überdauernden Eigenschaften einer Person nennt man in der psychologischen Führungsforschung Traits. Diese „prädisponieren“ einen Menschen dazu, sich über unterschiedliche Situationen hinweg konsistent, d. h. widerspruchsfrei und berechenbar, zu verhalten. So könnten Sie Ihre Eltern sicherlich über drei, vier Grundattribute wie „ehrlich“, „lebensfroh“ oder auch „dominant“ oder „ängstlich“ gut beschreiben. Auch Demut ist ein menschlicher Grundzug, ein Trait.

Der große Vordenker auf diesem Gebiet war der US-Forscher Gordon Allport. Er bezeichnet die Traits eines Menschen als „Bausteine der Persönlichkeit und Quelle ihrer Individualität“. Allport glaubt, dass unsere charakterlichen Grundeigenschaften im Laufe des Erwachsenwerdens durch Sozialisation, also durch Erziehung oder Hineinwachsen in eine Kultur, erworben werden. Möchte man hier noch weiterbohren, dann wären drei Qualitäten oder „Intensitäten" von Traits zu differenzieren:

- kardinale Traits, um die herum eine Person ihr ganzes Leben aufbaut (z. B. Mutter Theresa);
- zentrale Traits, die wesentlichen Charakteristika einer Person fixieren (z. B. Muhammad Ali), sowie
- sekundäre Traits als allgemeine persönliche Merkmale, die das Verhalten vorhersagbar machen, aber nicht helfen, den Kern einer Person zu verstehen (z. B. Bob Dylan).

Ermittelt werden die Wesenszüge einer Person über verschiedene Zugänge. Entweder über ihre direkte Befragung oder aber eine teilnehmende Beobachtung, d. h. man begleitet diese Person einige Tage und notiert dabei penibel ihr Verhalten. Heute werden zusätzlich auch die digitalen Aktivitäten untersucht, beispielsweise Zahl und Grundton der Mails, zeitliche Arbeitsschwerpunkte usw. Man versucht damit z. B. die Frage zu beantworten, ob es erkennbare Unterschiede zwischen Führern und Geführten gibt oder auch, welche Faktoren besonders wirksame Vorgesetzte auszeichnen.

Interessant ist auch ein systematischer Vergleich der Eigenschaften *zwischen* Führenden – z. B. unterschiedlicher Branchen oder Hierarchiestufen. Sind Topmanager z. B. anfälliger für ein narzisstisches Selbstbild als Middle-Manager? Oder Bankmanager erfolgshungriger als Führungskräfte in Kulturbetrieben? Und unterscheiden sich effiziente von weniger effizienten Vorgesetzten vielleicht vor allem über ihr persönliches Charisma oder ihre jeweilige Kommunikationsfreude? Auch dieser Zugang wäre interessant; er könnte nämlich zeigen, ob es signifikante Unterschiede zwischen guten und schlechten Führern gibt und welche Führungsaspekte besonders wichtig für deren Wirksamkeit sind. Gerade aus dieser Fragestellung könnte man einiges über gutes Management oder Führen lernen.

Eine interessante Abrundung böte schließlich ein analytischer Vergleich der Eigenschaften einer Person *vor* und *nach* deren Amtsantritt. So könnte man erkennen, ob und wie sich der oder die Führende im Amt verändert hat. Also ob er oder sie z. B. eine gewisse routinierte Kaltschnäuzigkeit entwickelt hat oder eher offener und bescheidener geworden ist? Sie kennen sicherlich den Begriff „Cäsarenwahn", der die teilweise destruktive Persönlichkeitsveränderung der römischen

Kaiser beschreibt. Tiberius, der Nachfolger von Augustus, Caligula oder Nero sollen derart auffällig geworden sein.

In den Anfängen der Leadership-Forschung hat man eher intuitiv wichtige und am besten leicht zu entschlüsselnde Traits untersucht: das Alter, das Geschlecht, aber auch die Intelligenz, Beliebtheit oder soziale Geschicklichkeit einer Person. Machen wir es kurz:

> In sämtlichen Metastudien war der Zusammenhang zwischen Führung und Führereigenschaften statistisch lausig.[25]

Anders gesagt: Der Erklärungsgehalt war minimal. Oder sogar direkt kontraintuitiv. Es gibt sogar Studien, die einen direkt *negativen* Zusammenhang zwischen vermeintlich hilfreichen Traits wie Intelligenz, Beliebtheit oder Charisma und der sich einstellenden Führungseffizienz nachweisen.

Es kommt noch schlimmer: Stattdessen waren in diversen Studien rein äußerliche Faktoren einer Person wichtig: wie Größe, Attraktivität oder Stimmhöhe. Nicola Persico von der Universität Pennsylvania konnte 2004 belegen, dass große Menschen bessere Schulabschlüsse und später eine höhere berufliche Stellung haben. Sie verdienten auch mehr. Manchmal reicht es schon, das Gesicht zu sehen – und schon trauen wir uns Rückschlüsse auf die Führungseignung einer Person zu. So lautet zumindest das Fazit des britischen Neurowissenschaftlers Daniel Re. In Experimenten legte er 2013 freiwilligen Studienteilnehmern manipulativ veränderte Gesichtsfotos unbekannter Personen vor. Mal in die Länge gezogen, mal in die Breite, manche im Original wiedergegeben. Ergebnis: Männer, deren Gesichtsform auf einen größeren Körper hindeutete, trauten die Studienteilnehmer eine größere Disziplin und die beste Wirksamkeit in einer Führungsposition zu. Der optimale CEO sollte demnach schlank sein, ein schmales Gesicht haben und fit wirken.[26] Personen mit speziell diesem Eigenschaftsset wurden von normalen Passanten auf der Straße signifikant häufiger als Vorstandsvorsitzende eingestuft als z. B. untersetzte Frauen oder Männer mit Bart. Offenbar arbeitet hier unser Unterbewusstsein mit alten Stereotypen. Sind daher so viele CEOs Langstreckenläufer? Oder gibt es deshalb keine Politiker mit Bart mehr? Dafür aber viele Politiker mit inszenierten Gesten: erhobene Hände als Symbol für Vertrauenswürdigkeit, weiter Blick in die Landschaft als Verkörperung visionärer Kraft – und natürlich ausdrucksstarke Mimik mit direktem Blickkontakt. Auf den Wahlplakaten erscheint der Kandidat in der Totalen auf Augenhöhe. So geht Selbstinszenierung.

Heute fokussiert man hinsichtlich des vermuteten Führungsverhaltens und Effizienz eher auf Attribute wie die soziale Herkunft des Leaders, die jeweilige Passung zwischen Job und Persönlichkeit (sogenannter Aufgaben-Fit) oder den jeweiligen Narzissmusgrad des Leaders.[27] Sind Sie jetzt erstaunt? Statt Bescheidenheit und Demut als hervorstechende Traits in der Leitungsebene eher Hochmut und Selbstgefälligkeit?

Aber Vorsicht: Negative Charakterzüge und berufliche Erfolge schließen sich keineswegs aus! Manchmal hat man sogar den Eindruck, es wäre genau andersherum – ein besonders schwieriger Boss kann nicht nur aus allem eine One-Man-Show machen, sondern oft auch mit einem Erfolg rechnen. Der Stanford-Gelehrte Robert Sutton berichtet in seinem Buch, dass er bei Google auf die gleichzeitige Eingabe von „Steve Jobs“ und „Asshole“ am Ende 52.400 Treffer erhalten hat.[28] Dass sich derartige Alphatiere wie Tyrannen aufführen können, liegt häufig am fehlenden Gegengewicht in einer Organisation. Und – leider – auch daran, dass dieser Menschenschlag meist nicht mit positiven Anreizen operiert, sondern eher mit dem Gegenteil. Gezielte Drohungen und Einschüchterung können bei aller gesellschaftlichen Ablehnung am Ende durchaus eine mächtige Antriebsfeder sein und Mitarbeiter zu höheren Leistungen motivieren. Dies dann allerdings nicht aus intrinsischen Motiven, d.h. aus eigenem Antrieb, sondern eher aus Furcht vor einer Gehaltseinbuße, Versetzung oder öffentlichen Demütigung.

Es ist zwar unschön zuzugeben, aber nicht wenige psychologische Studien zeigen, dass positive Reize zwar langfristig wirksamere Motivationsimpulse setzen als Strafen, es aber gleichzeitig auch genügend Beispiele dafür gibt, dass erfolgreiche Leader ihre Unternehmen durchaus effektiv über Angst vor Strafe oder Spott antreiben konnten.

Sutton nennt ein Beispiel: „Der für seine Härte berühmte US-General George S. Patton hatte (…) die Angewohnheit, sein einschüchterndes ‚Generalsgesicht‘ vor dem Spiegel zu üben, um eine möglichst furchterregende und bedrohliche Miene zu erzeugen. Pattons Soldaten fürchteten zwar seinen Zorn, kämpften aber mit Leidenschaft für ihn, weil sie seinen Mut bewunderten und ihn nicht im Stich lassen wollten."[29] Man sollte sich von derlei Beispielen aber nicht blenden lassen, denn diese stammen fast ausschließlich aus einer anderen, nämlich der Steinzeit der Mitarbeiterführung.

Nicht aus der Steinzeit, sondern heute alltäglich anzutreffen sind Vorgesetzte, die bei guter Mitarbeiterführung zuallererst an den Lohn und weniger an gute Manieren denken. (Wunderbar witzig ist der Erfahrungsbericht der unter dem Pseudonym „Katharina Münk" aus dem Nähästchen plaudernden Chefsekretärin).[30] In einer Welt knapper Ressourcen klingt das zunächst gut, denn für eine ansprechende Leistung möchte ja auch jeder und jede ansprechend bezahlt werden, das ist schließlich auch ein Zeichen der Anerkennung. Aber Geld kann nur begrenzt leisten, was ansonsten ein ehrlich gemeintes Lob, aufrichtige Wertschätzung oder ein gutes Arbeitsklima vermögen. Der schwäbische Spruch „Net g'schimpft is g'lobt genug" ist Unsinn. Wenn in einem Unternehmen auf diese Weise gedacht und geführt wird, dann werden die Mitarbeiter nur so lange bleiben, bis sich ihnen etwas Besseres bietet. Ein höheres Gehalt – oder noch besser, eine sinnerfüllende Tätigkeit.

Letzten Endes geht es bei guter Personalführung aber nur am Rande um vordefinierte Charakterzüge. Diese sind zwar wichtig, aber nur mittelbar – indem aus ihnen im Führungsalltag nämlich erst bestimmte Haltungen und Aktionen hervorgehen. Die Traits einer Person sind insofern als den Charakter modellierende Einflüsse zu begreifen, die aber dann unweigerlich zum Ausgangspunkt konkreter Orientierungen (z. B. der eigenen Bedeutung oder auch Unzulänglichkeit) oder konkreter Handlungen (z. B. der aktiven Unterstützung anderer) werden. Es sind also nicht die Traits als solche, die den Unterschied machen, sondern die aus ihnen entspringenden *Haltungen* und *Prozesse*. Die Tugend der Demut führt dann im Ideal zu Bescheidenheit und Selbstreflexion des Führenden oder zu einem leisen, eher zuhörenden Kommunikationsstil. Spezifische Charakterzüge und konkrete Maßnahmen sind also zwei Seiten derselben Medaille. Deshalb macht es auch Sinn, in diesem Kapitel dezidiert negative Traits wie Narzissmus oder schillernde Phänomene wie Charisma genauer anzuschauen.

In der Führungspraxis hat alles (mindestens) zwei Seiten, es ist etwas kompliziert. Denn wir werden sehen: Es gibt durchaus auch einen gesunden und zweckmäßigen Narzissmus. Und Demut wiederum kann vom Leader natürlich auch bewusst zur Schau gestellt werden oder übertrieben inszeniert sein und dann von den Beschäftigten als Ratlosigkeit oder Passivität ausgelegt werden. Oder, wer weiß, vielleicht sogar als besonders raffinierte Form der Manipulation.[31] Es kommt also immer auf die Intensität eines Traits bzw. die situationsgerechte Passung eines bestimmten Persönlichkeitsmerkmals an. Die Dosis macht das Gift. Soziale Interaktionen sind eben kompliziert.

Warum die klassischen Führungstheorien heute nicht mehr helfen

Man schätzt, dass es in den USA gegenwärtig etwa 25 Millionen Manager und Leitungsverantwortliche gibt. Das entspräche einem von sechs Beschäftigten. In Europa sind die Relationen fast identisch; in China sind die Leitungsspannen etwas größer, was u. a. am fehlenden Führungsnachwuchs im mittleren Managementbereich liegt. Aber welche Eigenschaften sollten zukunftsfähige Leader aufweisen? Variieren diese Eigenschaften zwischen den verschiedenen Kulturen? Und lassen sich diese mit der Zeit entwickeln oder werden effektive Führungseigenschaften gemäß einer uralten These schon in die Wiege gelegt?

Im Überblick hat sich in den nun etwa 100 Jahren wissenschaftlicher Beschäftigung mit dem Thema Leadership eine unüberschaubare Zahl verschiedener Ansätze herausgebildet. Standen am Anfang noch eigenschaftsbezogene Vorgesetztenmerkmale im Mittelpunkt (*traits approach*), ging die Reise dann über die Bewertung und Operationalisierung verschiedener Führungsstile, z. B. einem eher aufgaben- oder eher mitarbeiterbezogenen Führungsstil (*style approach*), bis hin zur stärkeren Inblicknahme konkreter Führungssituationen, die den Leader beispielsweise mit mehr oder weniger Positionsmacht ausstatten können (*situational approach*). Danach kamen die eher *charismatischen* Leadership-Modelle, in denen naturgemäß das Auftreten und die besonderen Eigenschaften solitär-herausragender Führungsheroen im Mittelpunkt standen. Diese Modelle drehten sich häufig um konkrete Empfehlungen, wie u. a. die Nutzung einer starken, bildreich-symbolischen Sprache oder andere rhetorische Details. Erzählt wurden spannende Sagen von meist entschlossen-wertgeladenen Vordenkern, die mit ihrem Genie nicht nur neue Produkte, sondern gleich ganze Branchen hervorgebracht haben ganz im Sinne des bekannten „kreativen Zerstörers“ von Joseph Schumpeter. Heute denkt man hier eher an Persönlichkeiten wie Jeff Bezos, Mark Zuckerberg oder Elon Musk, die tatsächlich ihre eigenen Branchen schufen. Oder wie Steve Jobs Gebrauchs- und Designstandards bei vormals langweiligen Technikgütern etablierte.

Die Geführten nehmen in all diesen Konzepten die romantische Rolle der gläubig-staunenden Bewunderer ein. Sie erscheinen hier eher als verführte denn als geführte Individuen – oft unkritisch und von dem Wunsch beseelt, einer starken Hand zu folgen. Als dienende Werkzeuge herausragend-dominanter Alphatiere.

Dass diese Sichtweisen heute allesamt kaum mehr zeitgemäß sind, bedarf keiner weiteren Erläuterung. Dies gilt auch für das meiner Meinung nach ebenfalls überholte Modell der sogenannten *Authentischen Führung.*[32] Denn auch dieses hat seine Pferdefüße: Es kann nämlich trefflich dazu genutzt werden, wieder den überragenden Status von vordenkenden Anführern herauszustellen. Authentische Führung ist fast gleichbedeutend mit legitimierter und moralisch vorbildlicher Führung. Die Leader unserer Organisationen und Großkonzerne erscheinen hier erneut als entscheidender Schlüsselfaktor für den Organisationserfolg. Gedeih und Verderb hängen wieder von der Spitze der Organisationspyramide ab. Dies ist ersichtlich eine naive Charakterisierung von Führungskräften, die in der Praxis leider allzu häufig ideologische Züge annimmt und die gutqualifizierten Beschäftigten des 21. Jahrhunderts einfach nicht ernst nimmt, ja sie sogar ihrer eigenen Möglichkeiten beraubt.

Am Ende führen alle diese akademischen Denkmodelle zu einer *Überbetonung der Führungsperson.* Gewollt oder ungewollt stoßen sie die Gefolgschaft – also die eigentlich wertschöpfende Kraft in den Unternehmen – in die Rolle einer abhängigen oder jeder Eigeninitiative beraubten Menschengruppe. Die Mitarbeiter erscheinen letztlich als Mängelwesen; sie brauchen Zuspruch, Stimulanz, Beratung. Eine derart überdeutliche Trennung zwischen Führung und Gefolgschaft untermauert das hierarchische Gefälle in Organisationen und verstellt den Blick auf alternative Möglichkeiten des Organisierens und Führens.

> Das Verständnis von Führung, in der Führer führen und Folger folgen, ist im 21. Jahrhundert unangebracht oder schlichtweg irrig. Wir brauchen einfach ein anderes Bild von guter Führung und sollten die Geführten aus diesem Managementverständnis endlich befreien.

Am brauchbarsten in unserem Sinne dürfte daher ein Führungskonzept sein, das den sympathischen Namen *Dienende Führung (Servant Leadership)* trägt. Dieses Konzept war längere Zeit vergessen, gewinnt aber aus verschiedenen Gründen – einigen sind wir bereits in Kapitel 1 nachgegangen – wieder an Zugkraft und kann hier als perfektes Bindeglied zu unserem Thema dienen. Den initialen Beitrag zu diesem Ansatz lieferte der Essay „The Servant as Leader" von Robert K. Greenleaf.[33] Dessen Entwurf baut auf einem christlichen Menschenbild auf, wie es etwa im Paulus-Brief an die Galater zum Ausdruck kommt: „Einer trage des anderen Last, so werdet ihr das Gesetz Christi erfüllen". Als Impulsquelle könnte aber auch die humanistische Psychologie von Abraham Maslow oder Martin Seligman herangezogen werden, die um Begriffe wie Glück, Gesundheit und Liebe kreist (dazu mehr im Schlussabschnitt von Kap. 3).

Letztlich ersetzen bei der Dienenden Führung wechselseitige Lernbeziehungen die üblichen hierarchiebetonten Top-down-Ansätze. Die individuelle und sinnorientierte Ansprache der Arbeitnehmer rückt in den Vordergrund, während materielle Anreize zurücktreten.[34] Management wird hier postheroisch entschärft und ist dann fast gleichbedeutend mit Coaching, individueller Anleitung zum persönlichen Wachstum sowie der Schaffung von Rahmenbedingungen, die ein sinnerfülltes Arbeiten möglich machen. Statt restriktiver Vorschriften werden daher konkrete Arbeitsziele in den Mittelpunkt gerückt.[35] Zur Philosophie gehört ferner, nicht nur die Leistung am Arbeitsplatz zu steigern, sondern auch die Arbeitsfreude – um so letztlich die psychische Gesundheit der Mitarbeiter zu erhalten. Servant Leadership ist folglich ein holistischer Ansatz. Aktives Zuhören, Vertrauen, die Förderung von Eigenverantwortung und Gemeinschaft sowie das Bestreben, sich selbst ändern zu wollen, runden diese Führungsvision ab. Der Leader macht sich möglichst unsichtbar und bleibt bewusst defensiv – ganz nach dem Bibelwort „Ihr wisst, dass die Herrscher ihre Völker niederhalten und die Mächtigen ihnen Gewalt antun. So soll es nicht sein unter euch; sondern wer unter euch groß sein will, der sei euer Diener" (Matthäus, Vers 20, 25-26).

Dienende Führung kommt unserer Idee der „Humble Leadership" von allen Ansätzen am nächsten. Sie unterscheidet sich von allen anderen wertegetragenen Führungskonzepten (ethical leadership, supportive leadership, authentic leadership etc.) dadurch, dass sie als Einzige eine wirkliche Identität des helfenden Dienens entwickelt hat. Servant Leadership verkörpert damit eine radikal neue Perspektive, einen „other-centered service", und stellt auch konsequent auf die Bedürfnisse eben nicht des handelnden Subjekts ab (des Vorgesetzten), sondern allein auf die Geführten. Die Basis für diese Umorientierung wird in der Entwicklungstheorie von Erwachsenen gesehen, die in späteren Lebensphasen oft eine gemeinnützigere Orientierung entwickeln.[36] Im Ergebnis werden die Mitarbeiter als wertvolle Ressource anerkannt, deren Fähigkeiten eben nicht nur genutzt, sondern bevorzugt und systematisch gefördert werden.

Und die Grundidee von Greenleaf trägt: *Geschäftsmoral beginnt immer bei der einzelnen Führungskraft.* Im Idealfall lernt diese, sich mehr und mehr als Diener des Ganzen zu begreifen. Unternehmen, denen ein solches Führungskonzept nachgesagt wird, sind u. a. die schwedische *SAS*, *Zappos*, *Shell*, die Hotelkette *Ritz Carlton* oder auch *Intel.* Sicherlich entsteht Servant Leadership nicht von heute auf morgen, sondern setzt langfristige Beziehungen und gereifte Persönlichkeiten voraus. Dennoch liefert das Konzept gute Denkanstöße, die für eine zeitgemäße Führung in Offenheit und Bescheidenheit sehr von Nutzen sein können.

> Offen bleiben allerdings einige Kardinalfragen: Was motiviert Führende zum Dienen? Was bringt sie dazu, eigene Urteile und Bedürfnisse hinter diejenigen anderer Organisationsteilnehmer zurückzustellen?

Vielleicht Demut?

Eines ist und bleibt über alle Ansätze hinweg wahr: Der klassische Silberrücken-Chef, der sich ständig mit beiden Fäusten auf die Brust trommelt und laute Brunftlaute ausstößt, ist aus Sicht der Forschung schon lange ein Auslaufmodell – wenngleich er in freier Wildbahn immer noch anzutreffen ist. Insbesondere mittelständische Unternehmen und ihre Gründer scheinen anfällig für einen speziellen, exakt gegenteiligen Führungsstil zu sein. In geschäftlichen Dingen gerissen, aber intern misstrauisch und kontrollwütig. Das Erstaunliche ist, dass diese Meister des rauen Stils nach wie vor genügend leidensfähige Mitarbeiter finden. Belegt ist z. B. folgende Geschichte vom einstigen *Müller Milch*-Chef Theo Müller. Dieser teilte sich das Sekretariat mit Franz Josef Doll, dem damaligen Vorsitzenden der Geschäftsführung. Gewohnheitsmäßig landete alle Post auf dem Schreibtisch von Müller, der dann nach ihrer Lektüre entschied, welcher seiner Vorstände welchen Brief lesen sollte. Doll aber passte das nicht, also kam er stets eine halbe Stunde vor seinem Chef ins Büro. Woraufhin wiederum Theo Müller eine halbe Stunde früher auftauchte. Am Ende saßen beide zu einer Zeit am Schreibtisch, zu dem die Post noch gar nicht geliefert worden war. Irgendwann wurde es Franz Josef Doll dann zu viel und er schmiss hin.

Typisch für solche Inhaber-Chefs ist, dass sie nicht nur alles besser wissen, sondern sich auch gern mit ruppigen Aktionen einmischen. Der Buschfunk vermeldet, dass man von Erwin Müller, dem Eigner der Drogeriekette *Müller,* oder auch von Deutschlands einstmals obersten Schraubenhändler Reinhold Wirth ähnliches vernehmen konnte. Letzterer hat gerade eine Biografie vorgelegt, in der solche Geschichten aber nicht vorkommen. Und über Erich Sixt, dem Gründer der gleichnamigen Autovermietung, schrieb das *Manager Magazin* einst: das Firmen- und Familienoberhaupt sei mit „schwierig" noch zurückhaltend beschrieben: „Detailwut, unflätiges Benehmen (‚Sixt spricht nicht, er bellt'), Anwürfe in Vorstellungsgesprächen. Die schrillen Werbesprüche denkt sich Sixt oft selbst aus, sogar die Bestellung eines Druckers zeichnet er zuweilen persönlich ab. Die Verweildauer von Führungskräften in Pullach liegt deutlich unter dem Branchenschnitt. Gernestreiter Sixt nimmt Gerichtsprozesse in Kauf, Kündigungsfristen scheinen für ihn kaum zu existieren. Wer nicht mehr ins Raster passt, muss nicht selten von einem Tag auf den anderen das Haus verlassen. Sicherheitskräfte begleiten den Geschassten dann auch mal zu seinem Büro, damit er keine Geschäftsgeheimnisse klaut. Ein ehemaliger Finanzchef erfuhr an der Tiefgarage von seinem Rauswurf: Seine Zugangskarte funktionierte nicht mehr".[37]

Dieser Chef-Typus weiß nicht, dass man von seinen Angestellten oft mehr bekommt, wenn man sie anständig behandelt – und sie *weniger* führt. Bei diesem Managertypus bilden die beiden Wortbestandteile des Dienenden Führens – nämlich „servant" und „leader" tatsächlich ein Paradox. Was geschehen kann, wenn die ganzheitliche Betrachtung von Arbeit, Mensch und Gemeinschaft nicht im Vordergrund steht, zeigt der folgende Abschnitt.

Schlechte Führung kann krank machen!

Als Robert Blake und Jane Mouton 1964 ihr berühmtes Buch über das sogenannte *Managerial Grid* (Gitter der Vorgesetzten-Führungsstile) schrieben, da fanden sich darin ganz am Ende auch Bezüge zu den körperlichen und seelischen Auswirkungen auf die Mitarbeiter. Die Autoren behaupten nämlich, dass mit bestimmten Führungsstilen bestimmte Krankheiten bei den Untergebenen einhergehen. Bei dem stark aufgaben-, aber wenig mitarbeitersensiblen Führungsstil zum Beispiel sollte demnach überdurchschnittlich häufig Bluthochdruck bei den Mitarbeitern auftreten, ein stark mitarbeiter-, aber wenig aufgabenorientierter Führungsstil dagegen vermehrt zu Herzinfarkt oder Migräne führen und ein unentschlossenes Mittelding schließlich zu vermehrten Magengeschwüren beitragen.[38] Viele Wissenschaftler – auch ich – haben diese Befunde stets milde belächelt oder gleich als Humbug verworfen. Mittlerweile beginne ich dieser These mehr und mehr abzugewinnen. Mögen die medizinischen Details erst noch Gegenstand größerer Fallprüfungen sein, so hat doch im Lichte des heutigen Wissens über seelische Erschöpfungszustände und Depressionen zumindest der Kern dieser Behauptung einiges für sich.

Eine Studie der Universität in Manchester hat meinen Verdacht mittlerweile auch bestätigt: 1.200 Teilnehmer wurden nach dem Einfluss ihres unmittelbaren Vorgesetzten befragt – und was man bereits ahnt, wurde auch festgestellt:

> Mitarbeiter mit einem destruktiven („toxischen") Chef wiesen nicht nur eine geringere Arbeitszufriedenheit auf (klar), sondern mussten auch feststellen, dass das Klima an ihrem Arbeitsplatz letztlich auf ihr privates Leben ausstrahlte und es nach und nach vergiftete.

Der Studie zufolge kam es u. a. gehäuft zu klinischen Depressionen.[39] Eine ähnliche Untersuchung mit 400.000 US-Amerikanern ergab genauso dramatische Folgen für die Mitarbeitergesundheit. Insbesondere narzisstische oder psychopathische Bosse verursachten bei ihren Anvertrauten mit der Zeit schwere Erkrankungen bis hin zum Herzinfarkt.[40] Beide Studien unterstreichen den gefährlichen Ausstrahlungseffekt schlechter Führung. Toxische Führer können also im wahrsten Sinne des Wortes tödlich sein!

Dies trifft auch auf gezielte Attacken zu, die wir *Mobbing* nennen (die internationale Literatur spricht eher vom Bullying).[41] Befragungen bei Klinikpersonal ergaben, dass in Deutschland 4 bis 5 % der Beschäftigten von dieser Art der systematischen Schikane betroffen sind. Die jeweiligen Mitarbeiter haben ein vierfach erhöhtes Risiko, an einer Depression zu erkranken und besitzen ein zweifach erhöhtes Risiko für Herzerkrankungen.[42] Und schließlich hat der Medizin-Soziologe Johannes Sigrist ermittelt, dass in einer untergeordneten Position rund 6,5 % der Arbeitnehmer an einem Herzinfarkt sterben, während es bei Personen in Führungsposition „nur" 2,5 % trifft.[43]

Im Überblick zeigt sich ein ungeeigneter Führungsstil in einem übermäßigen Misstrauen oder einem fehlenden Respekt gegenüber Mitarbeitern, aber auch in intransparenten Entscheidungen, einer lückenhaften Informationspolitik sowie in einer unsachlichen, bisweilen sogar persönlich verletzenden Kritik an Untergebenen.[44] Und dazu noch, besonders prekär, diese Beobachtung: Führungskräfte nehmen nicht selten ihren „Krankenstand" mit. Das heißt: Versetzt man diese „Bad apple" unter den Vorgesetzten aus ihrer Abteilung mit anfangs wenigen, irgendwann aber vielen Kranken, in neue Abteilungen mit neuen Mitarbeitern, dauert es meist nur wenige Monate, bis wieder der alte Krankenstand erreicht ist. Diese Erfahrung hat u. a. der *Volkswagen*-Konzern gemacht, der quasi eine „eigene" Burn-out-Klinik in Bad Oeynhausen nutzt.[45]

Insgesamt leidet heute durchschnittlich jeder vierte Beschäftigte in der Europäischen Union unter arbeitsbedingtem Stress. 60 % aller Abwesenheitstage sind darauf zurückzuführen. Die Weltgesundheitsorganisation (WHO) hat Stress daher bereits vor vielen Jahren zur „größten Gesundheitsgefahr des 21. Jahrhunderts" erklärt. In einer Schätzung der Bundesanstalt für Arbeitsschutz und Arbeitsmedizin ergaben sich bereits für das Jahr 2008 allein in Deutschland 457 Millionen Arbeitsunfähigkeitstage mit Produktionsausfällen von etwa 43 Milliarden Euro. Dieser Wert entsprach einem Ausfall an Bruttowertschöpfung von 78 Milliarden Euro.[46] Trotz mittlerweile deutlich ausgebauter Gegenmaßnahmen im Bereich der Burn-out-Prophylaxe sind diese Zahlen bis heute nur unwesentlich gesunken. 2020 betrug der Anteil psychischer Erkrankungen an den Arbeitsunfähigkeitstagen z. B. immer noch über 17 %.[47]

Allerdings ist die Kostenmessung alles andere als eindeutig, denn nur ein bestimmter Teil der Kosten ist exakt zu messen. Monetäre Aufwendungen entstehen dem Staat, der Gesellschaft, dem Einzelnen. Und natürlich den Unternehmen; hier entstehen Verluste durch Absentismus, durch innere Kündigung oder gar aktive Gegenmaßnahmen der Betroffenen – vom Materialklau über gezielt begangene Fehler (wie z.B. das Schlechtberaten von Kunden oder absichtliche Fehlzustellungen in der Logistikbranche) oder zerstörerischem Vandalismus bis hin zur Wirtschaftsspionage. Dies alles geschieht vorwiegend aus Rache oder Enttäuschung über den eigenen Arbeitgeber. Hier besteht letztlich eine tabuisierte Dunkelziffer, die sich letzten Endes aus dem weiten Feld des sogenannten devianten (= abweichenden) Verhaltens am Arbeitsplatz bedient.[48]

All diese Erscheinungen lassen sich als Abwehrreaktionen gegen eine als frustrierend oder sogar ausbeuterisch empfundene Arbeitswelt deuten – an denen der unmittelbare Vorgesetzte in aller Regel, ich formuliere es einmal vorsichtig, seinen eigenen Anteil hat. Ganz klar zeigt sich, dass die sozialen Faktoren am Arbeitsplatz eine wesentlich höhere Relevanz für die Mitarbeitergesundheit (und damit auch wieder die betriebliche Produktivität) besitzen, als das zumindest von der betriebswirtschaftlichen Arbeitsforschung mit ihrer starren Fokussierung auf den einzelnen Arbeitsplatz lange Zeit gesehen wurde. Mit Hilfe einer längsschnittartigen Tagebuchstudie konnte schon in den 1990er Jahren gezeigt werden, dass 75 % aller belastenden Arbeitsergebnisse auf der zwischenmenschlichen Ebene angesiedelt sind.[49]

Bei einem ungeeigneten Führungsstil nützt es dann auch nichts, wenn in den Unternehmen Fitnessgeräte aufgestellt, Wohlfühltage ausgerufen, Joga-Trainer engagiert oder mehrtägige Seminare darüber angeboten werden, wie man seine Ernährung oder seine Schlaftiefe optimiert (so z. B. bei der *Deutschen Telekom* oder der *UBS*). Der südafrikanische Versicherer *Discovery* verlangt von seinen Angestellten sogar die Einhaltung durchgetakteter Vorsorgetermine. Das alles am besten noch engmaschig kontrolliert durch die unvermeidlichen Apps, wie sie exemplarisch auch *IBM* oder *United Healthcare* einsetzen. So sieht eben Misstrauen aus, getarnt als betriebliche Fürsorge.

Nur damit wir hier am Ende nicht zu kurz springen: Die Ursachen für Burn-out und anhaltende Erschöpfungszustände sind vielschichtig und gehen selbstverständlich nicht allein auf Vorgesetztendefizite zurück. In der Regel unterscheidet man zwischen individuellen und äußeren (dann betrieblichen oder gar gesellschaftlichen) Einflussfaktoren. Der renommierte Hamburger Burn-out-Forscher Matthias Burisch differenziert noch weiter in Selbstverbrenner (sog. aktives Burn-out) und leidende „Opfer der Umstände" (sog. passives Burn-out).[50]

Der passive Burn-out-Typ betrifft häufig abhängige Menschen mit geringem Selbstvertrauen und/oder unterentwickeltem Ehrgeiz. Der aktive Typ hingegen entspricht dem Klischee des von seinen Zielen und seinem Ego getriebenen Machers, der den Satz „ich bin gestresst" synonym versteht mit „ich bin wichtig". Letztere sind die klassischen *Perfektionierer*. Der Wirtschaftsjournalist Klaus Werle brachte deren Einstellung auf den Punkt: „Initiativ, flexibel, aktiv, besser noch: proaktiv. Immer noch eine Schippe drauflegen. Wer keine Ringe unter den Augen hat, der performt auch nicht".[51]

In eine ähnliche Richtung argumentiert die vielgelesene *Müdigkeitsgesellschaft* des Philosophen Byung-Chul Han, die sich insbesondere mit den Folgen dieser Verschiebung befasst. Han sieht einen schleichenden Übergang von der sogenannten Disziplinargesellschaft zur Leistungsgesellschaft. Das heißt: „An die Stelle von Verbot, Gebot oder Gesetz treten Projekt, Initiative und Motivation". Die Disziplinargesellschaft sei demnach noch vom *Nein* beherrscht, ihre negative Färbung erzeuge „Verrückte und Verbrecher". Die Leistungsgesellschaft bringe hingegen „Depressive" und „Versager" hervor.[52] Aus dem regelgebundenen Gehorsams-Mitarbeiter formte sich so mit der Zeit der Leistungs-Mitarbeiter. Dieser ist Unternehmer in eigener Sache und beutet sich wirkungsvoll selbst aus – wie der soloselbständige Gig-Worker. Auf diese Weise wurde aus dem einstmals uncoolen Workaholic der moderne Extremjobber. Auch dies könnte das gehäufte Auftreten egozentrischer Führungskräfte erklären.

Die Dunkle Triade in der Teppichetage: von Narzissten und Machiavellisten

Inzwischen hat sich eine Managerelite gebildet, deren Hauptziel nicht selten die kurzfristige Gewinnmaximierung ist. Die statistisch immer kürzeren Verweilzeiten bei den Konzernen unterstreichen diesen Eindruck. Manager sind letztlich Angestellte – wenn auch sehr gut bezahlte. Mit ihrer Identifikation gegenüber dem Arbeitgeber steht es daher nicht immer zum Besten. Der Leiter einer amerikanischen Bank drückte es einmal so aus: „Ich hielt mich immer für einen Manager der Chemical Bank, der zufällig im Personalsektor tätig war – die neue Führungskräftegeneration sieht sich als Personalmanager, die zufällig bei der Chemical Bank arbeiten".[53]

Im psychologischen Suchprofil von Führungspersonal tauchen gleichwohl immer noch dieselben Eigenschaften auf: Selbstvertrauen soll er oder sie besitzen, über ein überzeugendes und dominantes Auftreten verfügen, besondere Initiative und Tatkraft zeigen, immer nach Spitzenleistung streben, rhetorische Kraft haben sowie obendrauf noch die Fähigkeit, Mitarbeiter zu begeistern. Eben eine alles in allem beindruckende Persönlichkeit sein. All diese Attribute durchziehen die populärwissenschaftliche Führungsliteratur seit Jahrzehnten wie ein Mantra. Sie tauchen aber auch in seriöseren Konzepten wie der charismatischen oder der sogenannten transformationalen (d. h. werteverändernden) Führung auf.[54] Leader mit Strahlkraft und betonter Erfolgszuversicht überzeugen demnach spielend auch die Geführten von ihrer jeweiligen Vision. Motto: „Wer selbst nicht brennt, kann auch in anderen kein Licht entzünden". Ein derartiger Führungsstil setzt nicht auf Amts- oder Positionsmacht, sondern auf charismatische Identifikationsmacht. Des Leaders Überzeugung überträgt sich dann unweigerlich auf sein Umfeld – so zumindest die Annahme.

Wie in der Arzneikunde macht letztlich aber auch hier die Dosis das Gift. Egozentrik und Eigenliebe schlagen leicht ins andere Extrem um: aus Selbstsicherheit wird dann Größenwahn, aus Überzeugungskraft Hochstapelei, aus der Fähigkeit, schwierige Entscheidungen zu treffen, Gefühlsarmut. Und aus der Gabe, andere zu beeinflussen, letzten Endes Manipulation. Eine in diesem Sinne exemplarische Aufmerksamkeit zog 2016 der Fall der Jungunternehmerin Elisabeth Holmes auf sich. Die Gründerin des Medizindiagnostik-Start-ups *Theranos* behauptete von ihrem Produkt, es könne anhand eines einzigen Blutstropfens ein Dutzend verschiedene Krankheiten erkennen. Bevor ihr ein investigativer Wall Street Journalist auf die Schliche kam, gelang es der elegant-charismatischen Gründerin immerhin, satte 900 Mio. Dollar von kundigen Wirtschaftsgrößen wie Rupert Murdoch, Sergio Marcchione und Carlos Slim einzusammeln und damit zur zeitweilig jüngsten Milliardärin der Welt aufzusteigen. Sie galt als Wunderkind der Biotechnologie – und landete dann in der Untersuchungszelle.[55]

Folgt man dem englischen Psychologieprofessor Kevin Dutton, dann kann man nur hoffen, dass diese Blender nicht auch noch sozio- oder gar psychopathische Züge in sich tragen. Denn in der harten Welt des ökonomischen Wettbewerbs „können sich psychopathische Merkmale manchmal in die für eine einflussreiche Führungskraft charakteristischen Starqualitäten verwandeln."[56] Tatsächlich belegen diverse Studien, dass persönlicher Narzissmus durchaus mit einer gesteigerten Wahrscheinlichkeit verbunden ist, in höhere Positionen zu gelangen.[57] Denn narzisstische Vorgesetzte passen exakt in eine Wirtschaftswelt, die eruptiv und voller unberechenbarer Transformationen ist; in der es folglich Mut, visionäre Kraft und Selbstvertrauen braucht. Als Unternehmensgründer sind sie häufig erfolgreich, weil sie smart sind und nicht nur Dinge sehen, die sonst keiner sieht, sondern dazu auch noch die Selbstsicherheit besitzen, als erster in eine neue, unbekannte Richtung zu marschieren. Sie wollen für gewöhnlich ein Vermächtnis hinterlassen – und fragen nicht „Wie wird die Zukunft wohl aussehen“, sondern „Wie können wir die Zukunft machen“?[58] Das wären dann die *konstruktiven* Narzissten.[59]

Auch destruktive („klinische“) Narzissten können sich oft gut verkaufen, scheitern aber irgendwann, weil sie keine Kritik zulassen und Misserfolge leugnen, statt aus ihnen zu lernen. Aus Selbstschutz beharren sie auf einer vorgefassten Meinung und nehmen nur die Informationen zur Kenntnis, nach denen sie suchen. Obwohl sie nicht gern von anderen lernen (und bei Kritik dünnhäutig sind), werden Sie dennoch als kompetent und führungsstark eingeschätzt.

Bei dieser Einschätzung scheint das offenbar kollektiv etablierte Klischee effektiver Führung eine zentrale Rolle zu spielen. Investoren, Journalisten und auch Beschäftigte nehmen meist an, dass gute Führung mit harten Eigenschaften und Kompetenzen wie Disziplin, Stressresistenz, Durchsetzungsvermögen, Sichtbarkeit oder auch Verhandlungsstärke verbunden ist. Auch Aufsichtsräte, die ihrerseits mit der Auswahl von Vorständen beauftragt sind, verfangen sich keineswegs selten in diesen stereotypen Leitbildern. Als Verstärker dieser Autosuggestion dienen Unternehmensberater oder Wirtschaftsjournale, die gern mit schlagzeilenkräftigen Inszenierungen großer Macher wie Jeff Bezos oder Ulrich Reitzle aufwarten.

Ihre Wirksamkeit gewinnen diese Multiplikatoren auch durch die Tatsache, dass die in der Öffentlichkeit stehenden Organisationen in der Regel von deren Bewertung abhängig sind. Leisere Manager mit einem partizipationsorientierten Führungsverständnis und geringerem Selbstfokus fliegen hingegen oft unter dem Radar. Das ist nicht nur bedauerlich, sondern auch ungerecht – und, wie wir noch sehen werden, betriebswirtschaftlich gefährlich. Was also sind Attribute, die die Lautsprecher und Überselbstbewussten kennzeichnen?

Typische Merkmale von Narzissten

Natürlich gibt es heute zahlreiche diagnostische Ansätze, um (krankhaften) Narzissten bereits im Vorfeld auf die Schliche zu kommen – und diese werden von Firmen auch tatsächlich immer häufiger genutzt. In den USA bieten auf die Konstruktion von Einstellungstests spezialisierte Unternehmen wie *Hogan Assessments* und *Cornerstone OnDemand* bereits seit Längerem entsprechende Fragebögen für Unternehmen an, die Einstellungs- und Beförderungsentscheidungen stärker auf der Basis von „Humility" treffen wollen. Auch *Volkswagen* setzt inzwischen Loyalitäts- und Integritätstest bei der Personalauswahl ein; diese sollen helfen, die Aufrichtigkeit eines Bewerbers zu messen und ein später schädigendes Verhalten am Arbeitsplatz auszuschließen.[60] Doch betreiben wir hier nicht Glasperlenspielerei? Welches Alphatier wird sich schon ohne Zwang dazu herablassen, sich einer schnöden Eignungsdiagnose zu unterziehen, wo die Personaldecke im obersten Führungsbereich doch ohnedies schon dünn genug ist und jede versierte Fachkraft dringend gebraucht wird. Überdies hat die Forschung schon seit Längerem auf die prinzipiellen Grenzen fragebogen- oder beobachtungsgestützter Persönlichkeitsanalysen hingewiesen. In der Regel können diese bestenfalls sichtbare Persönlichkeitseigenschaften, Verhaltensweisen oder nach außen bekundete Denkweisen offenlegen; untergründige Motive hingegen bleiben oft verborgen.

Gleichwohl liegt zur Erfassung einer narzisstischen Persönlichkeitsstruktur ein wissenschaftlich ausreichend validiertes psychiatrisches Handbuch vor – das sogenannte *Diagnostic and Statistical Manual of Mental Disorders* (deutsch etwa: *Diagnostisches und Statistisches Handbuch psychischer Störungen*). In diesem, im Laufe der Jahre immer wieder aktualisierten Standardwerk für Mediziner werden die bestimmenden Wesensmerkmale von Narzissten beschrieben.[61] Darunter fallen zusammenfassend u. a. folgende Erkennungszeichen:

- Ein Narzisst hat ein grandioses Gefühl der eigenen Wichtigkeit und betrachtet sich selbst als ganz besonderen Menschen. Ein bei ORACLE tätiger Manager beschrieb seinen selbstverliebten Chef Larry Ellison einmal so: „Der Unterschied zwischen Gott und Larry besteht darin, dass Gott nicht glaubt, er wäre Larry";
- Ein Narzisst ist stark eingenommen von Fantasien grenzenlosen Erfolgs, grenzenloser Macht, perfekter Schönheit oder der idealen Liebe.

- Er zeigt häufig einen Verlust an Bodenhaftung bzw. glaubt von sich, einzigartig zu sein (besonders bei einer Serie vorhergehender Erfolge). Er verlangt zudem nach übermäßiger Bewunderung und ist entsprechend schnell gekränkt, wenn diese ausbleibt oder er gar kritisiert wird.
- Ein Narzisst neigt zu selbstherrlichem Auftreten, Ausschaltung von Selbstzweifeln und Rücksichtslosigkeit gegenüber Mitarbeitern und Kollegen. Donald Trump lässt grüßen.

Eine narzisstische Persönlichkeitsstörung liegt gemäß dem NPI (= Narcisstic Personality Inventar) vor, wenn insgesamt wenigstens fünf von insgesamt neun potenziellen Merkmalen von einer Person erfüllt werden.

Eine enge Parallele liefern die Machiavellisten – eine andere Persönlichkeitseigenschaft, die sich scharf von Demut und Bescheidenheit abgrenzt. Machiavellisten geht es vor allem um Macht und Kontrolle. Sie sind gewiefte Taktiker, die andere Menschen vor allem als Mittel zur eigenen Zielerreichung betrachten und oft auch skrupellos so benutzen. Vom charmant-liebenswürdigen Auftritt über die gespielte Anteilnahme bis hin zur gezielten Manipulation reicht ihre Klaviatur: der Mitarbeiter als menschliche Manövriermasse.

Machiavellisten zeigen in aller Regel einen eklatanten Mangel an Empathie und sind in zwischenmenschlichen Beziehungen oft ausbeuterisch. Permanentes Misstrauen gegenüber allem und jedem (bis hin zur Paranoia) ist ihr natürliches Wesen.[62] Machiavellisten umgehen zur Not auch betriebliche Regeln (z. B. die Befehlskette oder von ihnen als Einengung empfundene Compliance-Vorgaben), wenn es denn nur ihrem Aufstieg dient. Dabei bewahren sie in der Regel emotionale Distanz und empfinden auch kein wirkliches Commitment zu ihrer Organisation. Kurz: Sie besitzen eine rein utilitaristische Moral; es wird nicht nach „gut“ oder „böse“ beurteilt, sondern nach „nützlich“ oder „wertlos“. Eben Machiavelli: Der Zweck heiligt die Mittel. Der Fokus liegt nicht wie beim demütig-bescheidenen Leader auf der eigenen Institution; der Fokus ist man selbst. Zusammen mit einer psychopatischen Veranlagung und dem Narzissmus bildet dieser unstillbare Machttrieb die sogenannte *Dunkle Triade* der Führung. Diese Triade ist ein Klassiker der Persönlichkeitspsychologie und bildet letztlich verschiedene Eskalationsstufen destruktiver Führungsmerkmale ab.[63]

Die objektive Feststellung einer narzisstischen oder utilitaristischen Persönlichkeitsstörung wird allerdings in der Praxis dadurch erschwert, „dass die für eine solche Störung charakteristischen Merkmale von der betroffenen Person selbst nicht für problematisch gehalten werden. Diese Schwierigkeit kann jedoch durch die Einholung zusätzlicher Informationen aus sogenannten Fremdanamnesen behoben werden".[64] Vor diesem Hintergrund erscheinen die in der Unternehmenspraxis populären Rundumbeurteilungen, die sogenannten 360°-Feedbacks, durchaus sinnvoll. Der Vorteil solcher Verfahren liegt darin, dass hier die Erfahrungen ganz unterschiedlicher Bezugspersonen, mit denen die Führungskraft in Kontakt stand (Untergebene, Kollegen, Kunden oder Lieferanten), gebündelt werden. Allerdings ist der Erhebungsaufwand enorm.

Destruktive Führer weisen letztlich ein sehr einseitiges Motivprofil auf. Es geht ihnen vor allem um das Streben nach persönlicher Macht und ihr späteres ungehemmtes Agieren. Viele Narzissten träumen von Geltung und Anerkennung – wenn nicht sogar ewigem Ruhm. Sie sind nicht selten sogar durch eine Ideologie des Hasses geprägt, die speziell im Wirtschaftsleben dazu führen kann, dass sie den ökonomischen Wettkampf zu einer persönlichen Angelegenheit machen und es ihnen weniger darum geht, das eigene Unternehmen im Wettbewerb gut zu positionieren als vielmehr darum, auf persönlicher Ebene ausgemachte Rivalen oder Wettbewerber zu besiegen – oder gar zu vernichten. Ihre Mitarbeiter werden dabei unfreiwillig zu Mittätern – man denke an Darth Vader. Ein in der frühkindlichen Phase erworbener Narzissmus ist zugleich die Kraft, die als Dunkle Materie das eigene Team oder die Organisation insgesamt scheitern lässt. Der Kampfstern explodiert.

Ein bestechendes Beispiel für einen zwanghaften Narzissten liefert der große amerikanische Autor Herman Melville in seinem Roman *Moby Dick*. In diesem Roman geht es nur vordergründig um Seefahrerei und das Jagen von großen Walfischen, die das Öl für die damaligen Lampen liefern sollten. In Wirklichkeit geht es um den Wettkampf zwischen einem egomanisch-zwanghaften Narzissten und einem an sich unschuldigen Tier. Kapitän Ahab zeigt alle Kennzeichen eines hartgesottenen Narzissten; Melville muss ein guter Menschenkenner gewesen sein. Er lässt keinerlei Abweichung von seinem persönlich geprägten Ziel zu, das hier nicht funktional bestimmt ist (also z. B. den größtmöglichen Gewinn für seinen Auftraggeber anstrebt), sondern ein Ziel darstellt, das sich der Kapitän egoistisch selbst gesetzt hat: nämlich sich an dem bösen Wal dafür zu rächen, dass dieser ihm einst ein Bein abgebissen hat.

Dabei ist Ahab nicht nur unfähig, den selbstbezogenen Irrsinn seiner Motivation zu erkennen, er akzeptiert auch unkritisch den reflexhaften Grundimpuls seines Tuns. Der Verlust seines Beines, also seiner körperlichen Vollkommenheit, bedeutet für den Kapitän eine *persönliche* Kränkung, die dieser Narzisst einfach nicht vergessen kann. Er ist daher mit einem unstillbaren Rachedurst unterwegs – und nutzt letztlich die ihm anvertraute Mannschaft als blinden Erfüllungsgehilfen für seine niederen Zwecke. Ahab kennt kein Mitleid; weder mit dem unschuldigen Tier noch mit den ihm anvertrauten Seeleuten, deren weiteres Schicksal ihm letztlich egal ist, noch mit sich selbst.

Hier zeigen sich auf radikale Weise die schädlichen Folgen eines wahrlich krankhaften Verhaltens. Parallelen zu überdominant auftretenden Unternehmenslenkern (deren Narzissmus in der Regel aber subklinisch bleibt!) sind rein zufällig. Aber auch bei den minderschweren Fällen gilt:

> Im Mittelpunkt allen Denkens steht das *eigene* Ziel – das Schicksal der jeweiligen Institution bleibt zweitrangig. Die Frage ist, warum die Mannschaft dies entweder nicht erkennt oder nicht den Willen zur Gegentat aufbringt.[65]

Dies hat möglicherweise damit zu tun, dass von sich rückhaltlos einer Sache ergebenden Menschen häufig eine gewisse Faszination ausgeht. Diese erlaubt es ihnen, die Gefolgschaft völlig für sich einzunehmen, ja letztlich einzig und allein auf die eigene Person einzuschwören und so eine untrennbare Schicksalsgemeinschaft zu formen. In einem großartigen Abschnitt in Melvilles Buch wird ein solcher *Verbrüderungsakt* eindrucksvoll geschildert. Es beginnt mit einer rätselhaften Feuererscheinung am Himmel …

Die Einschwörungsszene des Kapitäns Ahab (Moby Dick)

„Während der fahle Brand über den Masten schwebte, wurden nur wenig Worte laut unter der entrückt beklommenen Mannschaft, die zu einer dicken Traube zusammengedrängt auf dem Vorschiff stand. Aller Augen glommen in dem blassen Schimmer gleich fernen, fernen Sternenschwärmen. …

In diesem Augenblick dämmerte Stubbs Gesicht langsam vor Starbuck auf. Er schaute empor und rief: „Sieh! Sieh!" – und von neuem blinkten oben die Flammenpfeile, magischer, bannender in ihrer Blässe als zuvor. „Der Himmel sei uns gnädig" schrie Stubbs abermals. Am Fuße des Großmasts, gerade unter der Dublone und der Elias-Flamme, kniete der Parse, Ahab gegenüber, doch den Kopf von ihm weggebogen; eine Gruppe Matrosen in ihrer Nähe, die soeben in dem bedrohlich schwingenden Takelwerk beschäftigt gewesen waren, eine Spiere festzumachen, hatte der unheimliche Lichtschein so gelähmt, dass sie zusammengeballt in der Takelage hingen wie ein Klumpen halb erfrorener Wespen am toten Ast eines Buchsbaums. Andere standen angewurzelt in verzückter Haltung an Deck, im Stehen, im Gehen, im Laufen erstarrt gleich den Skeletten von Herkulanum; die Blicke aller aber waren nach oben gerichtet.

„Ja, ja, Leute!" rief Ahab. „Schaut hinauf und gebt wohl acht; die weiße Flamme leuchtet uns auf unserem Weg zum Weißen Wal! Gebt mir die Blitzketten vom Großmast in die Hand; gern möchte ich den Flammenpuls fühlen und meinen dagegen schlagen lassen – Blut gegen Feuer!" Dann wandte er sich, das letzte Glied der Blitzkette fest in seiner Linken, und setzte den Fuß auf den Parsen; den Blick aufgehoben und mit emporgereckten rechten Arm stand er hoch aufgerichtet vor der stolzen dreigezackten Flammendreieinigkeit.

„Oh, Du reiner Geist des reinen Feuers, den ich auf diesen Meeren einst wie ein Perser angebetet, bis Du mich bei meinem Weihedienste branntest, das ich bis zu dieser Stunde das Brandmal trage – jetzt kenne ich Dich, lichter Geist, und ich weiß jetzt: Nur der dient Dir recht, der Dir trotzt. Weder der Liebe noch der Verehrung neigst Du Dich freundlich und selbst um Hasses Willen kannst Du nichts als töten – und Du tötest alles. Kein furchtloser Thor steht heute vor Dir. Ich bekenne Deine Macht, die wortlos, körperlos des Raumes Schranken überspringt; doch bis zum letzten Hauch meines Empörerlebens will ich ihr die unbedingte, die ungeteilte Herrschaft in mir streitig machen. Inmitten des gestaltgewordenen Wesenlosen steht hier ein Mann. Wohl bin ich kaum mehr als ein Punkt im All, gleichviel woher ich komme und wohin ich gehe; solange ich aber auf der Erde lebe, lebt die Göttin Persönlichkeit in mir und ist sich ihres königlichen Rechts bewusst. Doch Kampf ist Qual, und Hass ist Pein. Komm als Liebe, und sei es in ihrer schlichtesten Gestalt – ich will vor Dir knien und Deine Füße küssen; kommst Du aber in einer Erhabenheit, angetan mit aller Macht des Himmels – und schleuderst Du Flotten vollbeladener Welten um mich her: Hier innen ist etwas, das sich Dir nicht beugt. Oh, reiner Geist, aus Deinem Feuer hast Du mich gemacht, und als des Feuers echtes Kind hauch ich es Dir zurück.

(Mehrere plötzlich aufleuchtende Blitze; die neuen Flammen schießen zur dreifachen Höhe auf; Ahab, ebenso wie alle anderen, schließt die Augen und presst seine rechte Hand fest dagegen.) …

Stumm brannte die Waffe, aus der die Feuerstrahlen fuhren wie die Zunge aus dem Rachen der Schlange. Starbuck packte Ahabs Arm: „Gottes Hand! Gott ist wider Dich, alter Mann – lass ab! Es ist eine schlechte Reise! Schlecht begonnen, schlecht fortgesetzt; gib Befehl zum Wenden, solange wir's noch können, alter Mann, und lass den schlimmen Sturm zum günstigen Winde werden, der uns heimwärts bläst, damit wir auf eine bessere Reise gehen als diese".

Die Männer hatten Starbucks Worte mit angehört, von wahnsinnigem Entsetzen gepackt, liefen sie zu den Brassen – obwohl nicht ein Segel mehr oben war. In diesem Augenblick schienen die Gedanken des verstörten Steuermanns ihre eigenen; fast meuterisch stieg ein Schrei aus ihrer Mitte. Da schleuderte Ahab die Blitzkette rasselnd aufs Deck, und die brennende Harpune ergreifend, schwang er sie wie eine Fackel gegen die Schar und schwor, den ersten damit zu durchbohren, der auch nur ein Tauende loswürfe. Die Männer erstarrten zu Stein bei seinem Anblick; und mehr noch eingeschüchtert von dem Feuerspeer, den er hielt, sanken sie in scheuer Angst zurück. Ahab aber sprach weiter: „Euer Eid, den Weißen Wal zu jagen, bindet euch so fest wie mich der meine; und Ahab ist verschworen mit Herz und Seele, Atem, Leib und Leben. Damit ihr wisst, aus welchem Ton dies Herz schlägt – seht her: so blase ich die letzte Furcht hinweg!" Und mit einem einzigen Anhauch seines Mundes löschte er die Flamme.

So wie beim Hurrikan, der über die Ebene fegt, die Menschen aus der Nähe einsam ragender Baumriesen fliehen, da diese gerade durch ihre Höhe und Stärke nur umso weniger Sicherheit bieten und den Blitzstrahl nur um so gewisser herabziehen – so flohen bei Ahabs letzten Worten viele der Männer grauengeschüttelt von ihm weg."

Quelle: Herman Melville: Moby Dick, Aufbauverlag, Berlin 1956[66]

Ursachen und Folgen von Narzissmus

Ein an sich gesundes Dominanzstreben ist durch die damit oftmals verbundene narzisstische Grundveranlagung latent gefährlich und kann in einer ungünstigen Situationslage schnell ins Ungesunde umschlagen. Für Organisationen machen sich diese negativen Folgen sowohl nach außen als auch nach innen meist erst mit einer zeitlichen Verzögerung bemerkbar. So wählte Melville bewusst für den besessenen Kapitän ein Ziel, das von überragender Grandiosität gekennzeichnet ist: Schließlich handelt es sich um einen riesenhaften Albino-Wal, welcher im wahren Leben ausgesprochen selten vorkommen dürfte. Auch der Namen des herrsch- und rachsüchtigen Kapitäns ist nicht zufällig: *Ahab* ist ein im Alten Testament auftretender, tiefböser König – ein Sinnbild für blanke Gottlosigkeit. Idealtypisch zeigt seine Gestalt, dass ein übersteigerter Narzisst zum gefährlichen Hasardeur mutieren kann – vor allem, wenn ein wirksames Gegengewicht fehlt.

In Wirtschaftsorganisationen kann so ein Typus mittels seiner Großmachtphantasien dem eigenen Verband Milliardenschäden zufügen oder ihn gänzlich moralisch ruinieren.[67] Generelle Überlegenheitsgefühle, fehlende Integrität, Überempfindlichkeit gegenüber sachlicher Kritik und die Verliebtheit in eigene, oft hochriskante Projekte (bis hin zu bewussten Unwahrheiten gegenüber den Anspruchsgruppen) waren es auch, die die gezielten Bilanz-Fälschungen im *Enron*-Skandal bewirkten und auch das Vortäuschen nicht-vorhandener Liquidität im Falle des Anlageberaters Bernie Madoff hervorriefen, der 2009 mittels eines undurchsichtigen Schneeballsystems hunderttausende Anleger abzockte. Im Fall von *Enron* kam noch ein gefährliches Gruppendenken („Groupthink") dazu, also eine durch Konformitätsdruck erzeugte Einmütigkeitsillusion – man wähnt sich auf dem richtigen Weg und glaubt zuletzt, unverwundbar zu sein. Da Narzissten keine anderen Meinungen wünschen, neigen sie zu einem besonders starken Konformitätsdruck, der die guten Argumente unterstellter Personen systematisch abwertet.

Sucht man das Gemeinsame in den Einzelfällen, dann wird schnell deutlich, dass negative Traits wie Narzissmus oder Machiavellismus sowohl den individuellen Führungsstil prägen als auch Art und Inhalt der unternehmerischen Entscheidungen. Die Narzissmus-Forschung hat beispielsweise nachgewiesen, dass selbstverliebte Manager größere Summen in die Waagschale werfen und selbst bei zweifelhaften Projekten deutlich größere Risiken eingehen. Das kann man z. B. anhand der Zahl und Größe realisierter Unternehmensakquisitionen zeigen.[68] Selbstverliebte Manager treten auch häufiger in sehr frühe (und damit unsichere) Phasen einer neuen Branche ein oder internationalisieren ihr Geschäft schneller – beides vor allem, um mehr Aufmerksamkeit und Anerkennung zu gewinnen.[69] Egomanische Manager können für das Unternehmen also ein echter Risikofaktor sein.

Destruktive Narzissten weisen letztlich einen doppelten persönlichen Mangel auf: Erstens einen Mangel an Integrität gegenüber dem eigenen Unternehmen; und zweitens einen Mangel an Empathie gegenüber den Mitarbeitenden. Im Endergebnis geht der Blick für eine maßvolle und nachhaltige Entwicklung der Organisation verloren; die eigenen Ziele werden verabsolutiert und über die Ziele des Kollektivs gestellt. Nach machiavellistischer Logik wird alles zu einem Mittel der eigenen Nutzenmaximierung. Das eigene Unternehmen ist oft nur noch das Vehikel, mit dem der Top-Manager sein Fortkommen organisiert.

Ein ganz aktuelles Forschungsprojekt zum Narzissmus in der Wirtschaftswelt aus Deutschland ergab dreierlei: Zum einen sind Männer in der Berufswelt tendenziell narzisstischer als Frauen. Zum zweiten nimmt die Selbstverliebtheit des Menschen mit dem Alter ab. Und drittens:

> Narzissmus ist nicht nur in den Führungsetagen deutlich weiter verbreitet als in der Gesamtbevölkerung, sondern nimmt auch in der jüngeren Generation enorm zu.

Junge Menschen weisen in der Studie mit insgesamt 9.918 Teilnehmern (davon 2.510 Führungskräfte) die höchsten Werte aller gemessenen Altersgruppen auf. Damit droht das sogenannte Jungbullen-Syndrom – wohl noch nie drängten so viele junge, von sich übermäßig eingenommene Kerle in die Führungsetagen der Konzerne. Sie agieren rücksichtslos und verfolgen ihre eigenen Ziele.[70] Der

Glaube an das eigene Auserwähltsein lässt vermutlich auch diese Jungs wieder blind gegenüber Warnzeichen aus dem beruflichen wie privaten Umfeld werden. Denn häufig besteht der engste Kreis der Betroffenen dann nur noch aus Jasagern; Kritiker hingegen werden durch ein paranoides Klima der Angst eingeschüchtert.[71]

Die Frage, wo genau dieser Wendepunkt hin zum Pathologischen liegt, ist schwer zu beantworten. Aber das Schlimmste ist: Für gewöhnlich verbreitet sich toxische Führung wie ein Waldbrand erst in der eigenen Abteilung und frisst sich dann auch durch das ganze System. Dieser Kaskadeneffekt konnte jüngst am Beispiel von Leadern der Dunklen Triade und ihrem Einfluss auf das eigene Topmanagement-Team bestätigt und in seinen einzelnen „Vergiftungsphasen" präzisiert werden.[72]

Aber was ist letztlich verantwortlich für die narzisstische Korrumpierung des eigenen Selbst? Experten wie der niederländische Psychoanalytiker Manfred Kets de Vries führen dies vor allem auf Erlebnisse im frühen Kindesalter zurück. Ein Faktor sind Eltern, die eine fehlende Zuneigung zum Kind zeigen und es emotional vernachlässigen. Donald Trump wurde von seinem Vater z.B. unangekündigt vom College genommen. Aber auch überfürsorgliche und/oder überambitionierte Eltern – meist ist es die Mutter – können eine Rolle spielen. Ebenso erlittene Verletzungen aus dem engsten Freundeskreis. Kets de Vries erforscht seit Jahrzehnten diese Ursachen und meint in einem aufschlussreichen Interview des *Harvard Business Review*: „People with narcisstic injuries have a great hunger for recognition and external affirmation. To combat their feelings of helplessness and lack of self-worth, they are always in search of an admiring audience". Zugleich weist er darauf hin, dass betroffene CEOs in der Regel keinerlei Ahnung davon haben, dass ihrem heutigen Verhalten frühe Wunden zugrunde liegen. Er nennt den *Oracle*-Gründer Larry Ellison als Beispiel. Dessen Stiefvater sagte ihm ständig: „Du wirst nie etwas erreichen. Du wirst nie ein Erfolg sein." Natürlich beeinflusst dies heute Ellisons Führungsstil, meint de Vries: „Ellison is always trying to prove the bastards wrong".[73]

Den individuellen Narzissmus fördern können aber auch berufliche Dauererfolge oder uneingeschränkte Machtbefugnisse, die den Betroffenen durchaus in einen realitätsverkennenden Rauschzustand zu versetzen vermögen. Macht und Erfolg wirken dann als Droge, von der man mit der Zeit immer mehr verlangt. Es scheint einen Punkt zu geben, ab dem der oder die Betroffene glaubt, unverwundbar zu sein – nicht mehr fremden, sondern nur noch eigenen Gesetzen zu gehorchen: L'état c'est moi! Wie anders klingt das bei Friedrich dem Großen, der sich als „der erste Diener" seines Staates sah.

Diese Selbstverklärung findet sich aber keineswegs nur bei blaublütigen Dynasten. Ganz aktuell von 2021 ist eine Studie mit der Fragestellung, inwieweit schon im Schulalter eine Beziehung zwischen Narzissmus und Vertrauen in die eigene Führungskraft besteht. Untersucht wurden Schüler im Alter zwischen 7 und 14 Jahren, die zuvor von Mitschülern als „Leader" eingestuft wurden. Festgestellt wurde, dass Kinder mit einem höheren Narzissmusgrad sich nicht nur häufiger als Leader in Sachen Schulaufgaben herausschälten, sondern dass diese „Leader-Mitschüler" sich selbst auch schon als bessere bzw. erfolgreichere Führer einstuften. Der Clou dabei: Im Gesamtüberblick unterschied sich ihr Führungserfolg nicht signifikant von dem der „gewöhnlichen" Klassenkameraden.[74]

Letztlich darf man sich fragen, ob nicht dieselbe Energie, aus der sich heute der Erfolg eines Politikers, Managers oder Unternehmers speist, zugleich auch die Kraft ist, die den Keim des Scheiterns bereits in sich trägt – jedenfalls sobald diese Kraft zu stark wird und kein Gegengewicht aus dem Umfeld mehr erhält. Der Dämon des Narzissmus ist mächtig – insbesondere beim Fehlen einer bescheidenen Grundhaltung. Die Zukunft aber wird Arroganz und Ich-Bezogenheit bestrafen – und Demut honorieren.

Führung und Macht – ein uraltes Menschheitsthema

Einem beliebten Bonmot zufolge besteht die Kunst von Managern darin, auf den großen Wellen, die über sie hinwegbrechen, zu surfen – oder besser noch darin, den Anschein zu erwecken, man würde die Wellen wunschgemäß erzeugen können. Die Selbstinszenierung der Mächtigen (im betrieblichen Kontext kennt man diese u.a. als *Impression Management*) steigert natürlich Ansprüche und Erwartungen.

In der wissensbasierten Digitalwirtschaft des 21. Jahrhunderts ist Leadership jedoch mittlerweile fast gleichbedeutend mit Hierarchieabbau, Coaching und individueller Anleitung zum persönlichen Wachstum. Ein erneuertes Führungsverständnis scheint mehr als nötig, um in den westlichen Gesellschaften auch in Zukunft die

Glaubwürdigkeit und damit die Effektivität von Schlüsselentscheidern aufrechterhalten zu können. Wir brauchen Leadership ohne Idole und Führungs-Superhelden. Zu dieser Erneuerung gehört auch ein veränderter Umgang mit Macht. Der englische Philosoph Bertrand Russell bemerkte treffend, dass „der Fundamentalbegriff in der Gesellschaftswissenschaft Macht heißt im gleichen Sinne, in dem die Energie den Fundamentalbegriff in der Physik darstellt".[75]

Bekanntlich muss die Macht, die durch formale Ordnungssysteme einer Organisation legitimiert ist, aber nicht zwangsläufig mit dem tatsächlichen Einfluss eines Akteurs übereinstimmen. Im Gegensatz zur formellen Macht entsteht informelle Macht nicht konstitutiv im Hinblick auf das Innehaben einer bestimmten Position, sondern vielmehr aufgrund der sozialen Interaktion der Organisationsmitglieder untereinander. Einfluss und Macht werden damit nicht nur formal verliehen, sondern auch von dritter Seite, z. B. von den Beschäftigten, „zugeteilt". Einfacher formuliert: Formelle Macht wird durch einen bürokratischen Akt zugebilligt, informelle Macht entsteht vor allem aufgrund von sozialer Interaktion.

Die Organisationsforschung weiß zudem, dass die Macht von Managern oder Geschäftsführern in aller Regel nur eine Macht auf Zeit ist. Diverse Statistiken zeigen, dass die Verweildauer auf höchsten Führungspositionen immer mehr abnimmt: Bei den sogenannten C-Suite-Managern – darunter versteht man den CEO (Vorsitzenden der Geschäftsführung), den COO (Leiter operatives Geschäft), den CHRO (Leiter Personal) und den CFO (Leiter Finanzen) – wird heute deutlich schneller ausgetauscht als noch vor 20 Jahren. Damit entwickelt sich bei Vorständen die Arbeit für ein bestimmtes Unternehmen immer mehr zu einer überschaubaren Episode im Lebenslauf. In Deutschland, Österreich und der Schweiz belief sich die Wechselquote der Spitzenführungskräfte 2017 immerhin auf 15,3 Prozent. An der Firmenspitze verweilten diese Leute 2017 im Schnitt 6,2 Jahre, 2016 waren es immerhin noch 7,8 Jahre.[76]

Und natürlich geht es in diesen Gehaltsregionen immer auch um Status und Macht. Unglücklicherweise waren die traditionellen Machtkonzepte der Betriebswirtschaftslehre lange viel zu eng angelegt: sie sahen Macht nämlich als Einbahnstraße, als etwas, das von oben verteilt und qua Satzung wie ein unabänderliches Datum gegeben ist. Macht ist aber kein absolutes Attribut, sondern konstituiert sich als relationales Phänomen, d. h. sie bildet sich im sozialen Miteinander verschiedener Meinungen und Interessen. Dies gilt in unserem Jahrhundert noch viel stärker als früher.

Macht ist zudem ein Phänomen, das sich nur sehr schwer messen lässt. Die innerhalb der empirischen Sozialforschung häufig zur Anwendung kommenden Datenerhebungsverfahren, wie Umfragen, psychologische Tests oder Interviews, sind aufgrund ihrer Reaktivität mit einer Vielzahl von methodischen Problemen verbunden. Denken Sie nur an Antwortverweigerungseffekte sowie die Gefahr von verzerrten Ergebnissen aufgrund eines sozial erwünschten Antwortverhaltens. Denn wer gibt schon offen zu, gezielt Macht für seine Ziele einzusetzen? Demgemäß merkt der Führungsforscher Sydney Finkelstein auch an: „Power is a sensitive subject for many managers; the word itself is heavily laden with meaning“.

Ich glaube, dass man die konstruktiven oder destruktiven Anteile an der Persönlichkeit einer Führungskraft am ehesten über deren Grundmotive entschlüsseln kann. Und wenn irgendein Forscher im 20. Jahrhundert einen wesentlichen Beitrag zur Verbindung von Motivations- und Persönlichkeitspsychologie geleistet hat, dann ist es der 1998 verstorbene Harvard-Professor *David McClelland*. Dieser bearbeitete die Konzepte seines einflussreichen Doktorvaters und Persönlichkeitsforschers Henry Murray systematisch weiter. McClellands Motivkanon ist vor allem deshalb so bekannt geworden, weil er als einer der ersten Motivationsforscher dezidiert ein *Machtmotiv* beim Menschen nennt. Ein klassischer Aufsatz von diesem beeindruckenden Wissenschaftler trägt nicht zufällig den Titel „Power is the great motivator“.[77]

Interessant: Für das Ausmaß der persönlichen Narzissmus-Tendenz sind vor allem das Macht- und das Anschlussmotiv entscheidend. Verfügt jemand über eine starke *Hoffnung auf Kontrolle*, so fühlt er sich zu Situationen hingezogen, in denen er das Verhalten anderer Menschen kontrollieren kann. Außerdem demonstriert diese Person die eigene Kompetenz und steht gern im Mittelpunkt der Aufmerksamkeit anderer. Hat jemand eine starke *Furcht vor Kontrollverlust*, so sucht er ebenfalls nach Situationen, die sich durch Dominanzstrukturen auszeichnen. Solche Menschen fürchten aber stärker den Verlust von Einfluss und Prestige und sind dadurch eher negativ motiviert. Prototypisch sehen sie andere Personen daher primär als Kontrahenten, die ihnen das Wasser abgraben könnten. Solchen Führungskräften fällt es verständlicherweise schwer, Kooperationen einzugehen oder sich ohne negative Vorurteile in Konfliktlösungen zu engagieren – auch hier ganz das Gegenbild eines demütigen Leaders.

Ebenfalls auffällig ist: Personen mit unterentwickeltem sozialen Anschluss- und zugleich schwachem Machtmotiv werden von ihren Mitmenschen selten als charismatisch wahrgenommen. Der erfolgreiche Manager oder Polit-Führer jedoch ist in der Praxis ein Mensch, der nicht nur Macht hat, sondern diese auch immer wieder aktiv hierarchisch einsetzen will. Dies unterscheidet ihn erneut vom bescheiden-aufrichtigen Leader.

Autorität und Macht über andere haben letztlich beide: Charismatiker wie Narzissten. Entscheidend für die Richtung ihres betrieblichen Wirkens, z. B. in einem Team oder in der gemeinsamen Vorstandsarbeit, ist letzten Endes ihr *dominantes Hauptmotiv* sowie das *Ausmaß ihres persönlichen Verantwortungsgefühls* (die sogenannte Hemmschwelle). Wie genau diese Hemmschwelle in primär machtmotivierten Menschen entsteht, ist schwer nachzuzeichnen. Sicher ist aber, dass Kindheitserfahrungen, das (Vorbild-)Verhalten der Eltern oder anderer wichtiger Bezugspersonen sowie die Vermittlung religiöser Werte eine Rolle spielen. Auch die Furcht vor einer effektiven Gegenmacht kann ungezügeltes Verhalten eindämmen. McClelland unterscheidet in diesem Sinne ein sozial verantwortliches, kollektiven Interessen dienendes Tun (socialized power oder s-Macht) und ein ungehemmt-aggressives und egoistisches Gesicht der Macht (personalized power oder p-Macht).

Man könnte zur Unterscheidung konstruktiver und destruktiver Macht auch ganz simpel fragen: Wofür setzt eine Person ihre Macht am Ende ein? Das ist im Übrigen auch die Grundidee bei der erfolgreichsten SciFi-Produktion aller Zeiten: *Star Wars*. Während der „gezähmte" Leader sich eher in den Dienst des Ganzen stellt, z. B. andere Mitstreiter unterstützt und sie für konstruktive Ziele begeistert (dies wäre quasi Luke Skywalker, der demütige Charismatiker), strebt der „ungezähmte" Machtmensch nach uneingeschränkter Dominanz über andere, die er immerfort zu bekämpfen oder auszunutzen versucht. Er ist, wie Darth Vader, entweder ein Getriebener, unrettbar angestachelt durch den Hass seines Herren, dem Imperator. Oder er ist ein reiner Egoist, der alles nur zu seinem eigenen Wohl tut. In der beruflichen Arbeitswelt würde man dann bei Entlarvung oder persönlichem Scheitern einfach den Arbeitgeber, sprich das Wirtstier wechseln. Für diesen p-Machttyp ist oft allein der Weg das Ziel: Die Herrschaft oder der Sieg über andere beginnt wichtiger zu werden als der eigentliche Zweck des Tuns. Die Organisation, für die dieser Menschenschlag tätig ist, ist zweitrangig. Sie dient nur als Vehikel oder Sprungbrett für eigene Zwecke.

Dieser Führertypus ist latent gefährlich, weil er ständig in Gefahr ist, den oberflächlichen Versuchungen und Eitelkeiten des Alltags zu erliegen. Er denkt in Kampfmetaphern; das Leben erscheint ihm letztlich als reines Nullsummenspiel, d.h. als Kampf um das größte Kuchenstück.[78] Solche Führungskräfte können und wollen nicht mit anderen kooperieren und reißen am Ende womöglich die ganze Mannschaft bzw. das gesamte Unternehmen mit in den Abgrund. Charismatiker – und noch mehr – Narzissten sind in letzter Konsequenz ambivalente Personen, bei denen Gewinn und Verlust, Gedeih und Verderb nah beieinanderliegen. Demütige Leader hingegen setzen s-Macht ein. Sie haben einen ganz anderen Selbstfokus; sie treibt vor allem das Wohl ihrer Organisation um, nicht ihr eigenes. Sie gehören nicht zu denjenigen, die bei jeder betrieblichen Maßnahme immer als erstes denken: „Und was ist mit mir?".

Das Grundproblem hierbei ist, dass der kranke Typ durch seine schauspielerische Ader und seine Verstellungskunst dem gesunden Typ zum Verwechseln ähnlich ist. Unter diesen Umständen erscheint die Fähigkeit zur Unterscheidung von s-Macht und p-Macht fast ebenso außergewöhnlich wie die Charisma-Gabe selbst. Inzwischen weiß man durch kleinteilige Forschung aber ziemlich gut, dass zum Teil beträchtliche Unterschiede zwischen inhaber- und managergeführten Unternehmen bestehen. Moderne Top-Manager besitzen in aller Regel Macht ohne Risiko – sie sind letztlich Angestellte (wenn auch sehr gut dotierte). Dieser Umstand wirft nicht nur rechtliche Haftungsprobleme auf.

Aber noch wichtiger für unser Thema ist natürlich die Frage, was eine solche Konstruktion mit einer machtbewussten oder gar machthungrigen Persönlichkeit macht. Denn in der Praxis kommt es letztlich weniger darauf an, *wie* Vorgesetzte ihre Macht einsetzen, als vor allem darauf, *wofür* sie sie einsetzen. Geht es um mich? Oder geht es um die Organisation und die Gemeinschaft, der ich diene? Daran scheiden sich die Geister. Demütige Leader haben auch Macht – aber sie nutzen sie, um ihre *Mitarbeiter* zu ermächtigen.

Vermessung eines Charakterzuges: Demut als Alternative

Klar, Führungspersonen müssen Souveränität und Kraft ausstrahlen, andernfalls können sie kaum wirksam werden. Aber wir haben gerade auch gesehen: Die gewohnte Fixierung auf extrovertierte Aspekte von Führung ist zu kurz gedacht, denn in einer unübersichtlichen und sich permanent verändernden Welt wird man wohl kaum noch auf eine monozentrisch-autoritäre Führungslogik setzen wollen. So betrachtet besitzen effektive Führungskräfte vor allem das Talent, andere zu inspirieren und dazu anzuleiten, ihre Absichten aus eigener Kraft in die Wirklichkeit umzusetzen – und dabei mit gutem Beispiel voranzugehen.

Diese Philosophie kann man idealtypisch an einem Spitzenorchester betrachten, das im Wechselspiel zwischen Dirigent und Musikern erst die Effektivität der jeweils anderen Seite ermöglicht. Diktatoren am erhöhten Stehpult wie Herbert von Karajan oder Ricardo Muti sind heute mehrheitlich durch eher partnerschaftlich und antiautoritär agierende Orchesterleiter ersetzt worden. Es ließe sich mit Recht fragen, ob dieses Führungsnaturell in der täglichen Arbeit nicht grundsätzlich ein brauchbares Korrektiv lautstarker Alphatiere abgäbe. So beginnt ein vielbeachteter Artikel aus dem *The Wall Street Journal* im Jahr 2018 mit den Worten: „After decades of screening potential leaders for charm and charisma, some employers are realizing they've been missing one of the most important traits of all: humility!“[79]

Demut verkörpert eine geradezu klassische Tugend. Tugenden werden über soziale und kulturelle Konventionen definiert. Die Zuschreibung von äußeren wie inneren Merkmalen kann sich sowohl auf einen einzelnen Menschen als auch auf ganze Gesellschaften beziehen. So gelten die Schweizer als pünktlich, die Italiener als herzlich, die Deutschen als tüchtig und die Engländer als besonders individualistisch. Robert Solomon, ein Mitbegründer der sogenannten positiven Psychologie, sieht eine persönliche Tugend als prägenden Charakterzug eines Menschen; als „einen verbreiteten Grundzug des Charakters, der jemandem erlaubt, sich in eine Gesellschaft einzufügen und in ihr zu gedeihen.[80] Wir wissen inzwischen: es ist ein kardinaler Trait, also ein Charakterzug, der das gesamte Leben eines Menschen durchzieht. Auf der sichtbaren Handlungsebene definiert

Solomon Demut als „*a realistic assessment of one's own contribution and the recognition of the contribution of others, along with luck and good fortune that made one's own success possible.*“[81]

Apropos Bescheidenheit: Als inhaltlicher wie diagnostischer Gegenpol zu Hochmut und Narzissmus existiert ein ähnliches, ebenfalls gut validiertes Messinstrument: das sogenannte HEXACO. Dieses Kürzel steht für *Honest-Humility-Score*. Das bedeutet: Dieser Index misst das Ausmaß von ehrlichen, loyalen und bescheidenen Charakterzügen einer Person. Interessant ist natürlich die Korrelation, die zwischen Dunkler Triade (gemäß NPI) und HEXACO in der Realität besteht. Man darf erwarten, dass der HEXACO so ziemlich das Gegenteil vom NPI darstellt – und genauso ist es auch. Nach diversen Studien, u.a. von Lee und Ashton (2005), korreliert der Honest-Humility-Score mit einem Wert von -0,69 mit dem NPI. Das negative Vorzeichen bedeutet, dass ein Abnehmen der narzisstischen Veranlagung zugleich einhergeht mit einem Zunehmen der Bescheidenheit und Ehrlichkeit einer Person bzw. dass ein hoher Narzissmuswert auf einen entsprechend niedrigeren Bescheidenheits- oder Demutswert verweist. Eine Korrelation über 0,4 (d.h. letztlich: 40% eines Konstrukts können über eine einzige Größe erklärt werden) ist in der sozialwissenschaftlichen Forschung schon als hoch signifikant anzusehen. Anders gesagt:

> Bescheidene und narzisstische Führung stellen so ziemlich das exakte Gegenteil voneinander dar.

Für die Managementforschung ist das Konzept der „Humility“ deshalb interessant, weil man sich in diversen betriebswirtschaftlichen Bereichen positive Effekte von demütig-leisen Führern erwartet. In den USA wird seit Längerem schon über dieses neue Führungsbild diskutiert, denn – so seine Verfechter – es ist nicht nur funktional, sondern entspricht auch den heutigen Bedürfnissen einer aufgeklärten Postmoderne besser als das gewohnte Leitbild eines dominanten Managers mit übersteigertem Verlangen nach Anerkennung bei gleichzeitig fehlender Kritikfähigkeit. Nicht zufällig schreibt der US-amerikanische Führungsexperte Jacob Morgan in seinem neuesten Buch *The Future Leader*: „We actually have lots of people in leadership roles, just not all the right ones. But their days are numbered. I absolutely believe that leadership is a privilege that should be given to those who truly demonstrate their mindsets and skills".[82] Welche das im Einzelnen sind, werden wir gleich besprechen.

Letztlich muss die Bevorzugung bescheidener Leader noch nicht einmal ethisch begründet werden, dies könnte man auch rein betriebswirtschaftlich untermauern. Denn würde man die Kosten für Organisationen in Rechnung stellen, die diesen aufgrund eines schlechten Führungsstils, durch die Personalfluktuation und immer wieder nötige Personalanwerbung, die für Schlichtungsprozesse aufzuwendende Zeit oder schlicht durch verlorene Kunden entstehen, dann würde man sehr schnell zu einer Abkehr von charakterlich ungeeigneten Führern kommen. Das gilt auch im Hinblick auf zu erwartende juristische Kosten durch verärgerte Mitarbeiter oder sonstige Stakeholder. Der amerikanische Führungsforscher Robert Sutton spricht hier ganz unumwunden vom „Arschloch-Management". Er empfiehlt, sich die Folgekosten destruktiven Managerverhaltens zu vergegenwärtigen und schreibt: „So ungenau diese Kostenschätzungen sein mögen: Die Übung kann Ihnen helfen, sich des Schadens bewusst zu werden, den temporäre und amtliche Arschlöcher ihrem Unternehmen zufügen. Das wiederum hilft, Sie und andere davon zu überzeugen, gegen dieses Problem vorzugehen, statt es zu tolerieren oder nur darüber zu reden, ohne aktiv eine Lösung anzustreben.[83]

Wir hatten bereits über zentrale Traits von Leadern gesprochen und dabei festgehalten: die Dosis macht das Gift. Ganz in diesem Sinne definieren Vera/Rodriguez-Lopez Demut als den Mittelpunkt zwischen den beiden Extremen Arroganz und Mangel an Selbstachtung.[84] Ein demütig-bescheidener Leader strebt demnach nicht nach übertriebener Anerkennung, stellt sein Licht aber auch nicht unter den Scheffel. Kurz: er oder sie ist authentisch. Denn echte Demut, wie alle anderen Tugenden, wird vom Betreffenden als normal angesehen und nicht als ein besonderes Tun in einem besonderen Augenblick.

> Demut zeigt sich im konkreten Führungszusammenhang folglich als alltagliche Erscheinung und nicht als besondere Glanztat.

Denn dann wäre der Demütige stolz und eingebildet – und damit nicht mehr bescheiden.

Bescheidenheit ist letztlich Teil des (umfassenderen) Konzepts der Demut. Dieses kann, muss aber nicht religiös grundiert sein; das überlasse ich dem persönlichen Geschmack des Lesers. Als Tugend gesehen ist Demut vor gut zehn Jahren über die Wirtschaftsethik tröpfchenweise in die Managementlehre eingesickert und dort nun endlich breitflächig angekommen. Das könnte im Management hilfreich sein, weil diese Tugend das Verhalten der einzelnen Führungskraft stark zu prägen vermag und somit letztlich die professionelle Qualität eines Leaders mitbestimmt.[85] Auf die konkreten Resultate dieser Haltung kommen wir noch ausführlicher zu sprechen. Eine Google-Abfrage mit dem Stichwort „humble leadership“ erbrachte jedenfalls im Oktober 2021 etwa 56.300.000 Treffer (in 0,56 Sekunden).

In der heutigen Forschung ist Demut (Humility) als multidimensionales Konstrukt definiert, das aus mehr oder weniger zahlreichen Subdimensionen besteht und letztlich ein Gegenwicht zum in Managerkreisen nicht unüblichen Set der negativen persönlichen Traits (Arroganz, Narzissmus, Ich-Bezogenheit) bildet. Demütige Führer vermeiden aber nicht nur destruktive Verhaltensweisen, wie z. B. die Einschüchterung von Mitarbeitern oder persönliche Bereicherung, sondern Demut zeigt sich gerade auch in positiven Attributen oder Handeln, wie z. B. in Ehrlichkeit, prosozialem Verhalten oder einer besonderen Vertrauensfähigkeit.

Demütige Führer können delegieren, weil sie anderen vertrauen. Und sie motivieren auch effektiver, denn sie setzen nicht an vordefinierten Prozessen an und „schieben“, sondern schauen auf die gemeinsam vereinbarten Ziele – und „ziehen“. Ihre Autorität ergibt sich daraus, dass die Geführten sich mit den Projekten ihrer Organisationseinheit identifizieren. Die übliche Belohnungs- oder Bestrafungsmacht tritt in den Hintergrund.

Demut verkörpert insofern sowohl einen bestimmten Managementstil wie auch eine dahinterstehende Grundhaltung oder Moral. Diese ist seit der Antike immer wieder theologisch und/oder philosophisch inspiriert und durchdacht worden. Vier Quellen scheinen hierbei besonders fruchtbar:[86]

- eine historische Sicht, u. a. auf die griechischen Stoiker sowie Buddhismus und Taoismus;
- eine monotheistische, jüdisch-christliche Sicht;
- Gedanken der neuzeitlichen Aufklärer sowie
- moderne, z. T. verhaltenswissenschaftlich-psychologisch fundierte Sichtweisen.

Hierzu ein kurzer, begriffsgeschichtlicher Überblick.

Antike Philosophen, Taoismus und christliche Wurzeln: eine kleine Begriffskunde zu Demut

Etymologisch lässt sich „Demut" auf das althochdeutsche Wort *diomuoti* zurückführen. Das bedeutet so viel wie „dienstwillig" zu sein oder „die Gesinnung eines Dienenden" zu haben. Aus der Luther-Bibel ergibt sich der lateinische Begriff *humilis bzw. humilitas.*

Demut, Aufrichtigkeit und Bescheidenheit sind Tugenden, die philosophische Bezüge bereits zu Aristoteles aufweisen. Dieser verstand darunter eine gemütsmäßige „Mittellage", also eine ausgeglichene Balance der Gesinnung, der Gefühle und Strebungen. Demut bedeutet hier nicht zu wenig und auch nicht zu viel Stolz. Zentral ist dieses Ideal auch in der religiösen jüdischen und christlichen Grundhaltung: Demut beschreibt hier die innere Einstellung eines Menschen zu Gott. Diese umfasst vor allem das Anerkennen und Sich-Fügen in dessen Allmacht. Der gläubige Christ ist auch Strafen und Missgeschicken gegenüber duldsam. In ähnlicher Weise propagiert Paulus die religiöse Haltung der Demut als zentral für die Aufrechterhaltung der gemeindlichen Ordnung.[87]

Schon im Alten Testament, im Buch Hiob und in den Spätschriften Tobit findet sich die Idee, das *Demut der Schlüssel zu allem* ist – da nur der Demütige den Segen des Herrn empfangen kann („eher gelangt ein Kamel durch ein Nadelöhr als ein Reicher in den Himmel"). Im Alten Testament ist die Botschaft also klar: Die Niedrigen und Armen sind die eigentlich Frommen und Demütigen, also die wahren Gläubigen.[88] Wer sich klein macht, der wird erhöht werden. So bei Matthäus: „Wer unter euch groß sein will, der sei euer Diener" (Matth. 20-26).

Immanuel Kant löst die Demut später aus dem christlichen Dogma[89] und charakterisiert sie wie folgt: "Demut ist eigentlich nichts anderes als eine *Abgleichung des eigenen Wertes mit der moralischen Vollkommenheit.*"[90] Genauso pragmatisch sieht Theodor Fontane die Demut: „Wer demütig ist, der ist duldsam, weil er weiß, wie sehr er selbst der Duldsamkeit bedarf. Wer demütig ist, der sieht die Scheidewände fallen und erblickt den Menschen im Menschen."[91] In diesem Sinne kann das ehrliche Bewusstsein der eigenen Arroganz ironischerweise als ein bedeutender Aspekt der intellektuellen Bescheidenheit angesehen werden.[92] Das käme dann reifer Weisheit gleich.

Schon davor verstanden die antiken Philosophen Demut als Kraftquelle, die zur persönlichen Vervollkommnung führen kann. Dafür ist aber das Erkennen der eigenen Grenzen nötig sowie das Akzeptieren der schlichten, aber unabänderlichen Tatsache, dass eben nur einige Dinge im Leben kontrolliert werden können, viele andere dagegen nicht. Das führt zur Lehre der *Stoa*, zum stoischen Ruhen in sich selbst. Demut ist für einen braven Menschen im Umgang mit anderen aber letztlich so selbstverständlich, dass man diese Qualität bei einem griechischen Bürger quasi voraussetzen kann. Sie ist dann eher der Startpunkt für ein tugendhaftes Leben, nicht ein Zweck für sich.

Buddhismus und Taoismus betonen hingegen weniger die Grenzen, die einem Menschen gesetzt sind, als vielmehr dessen Aufgehen in einer Realität, die größer ist als das eigene Leben. Im buddhistischen Glauben verkörpert Demut eine Haltung des Respektes, der Liebe, der Duldung und der Hingabe. Es geht um den achtstufigen Pfad der Erleuchtung, um das Erkennen der Dinge „an sich". Alle Dinge sind aber im Fluss. Wichtig ist das gelassene innere Loslösen von materiellen Wünschen bzw. die Suche nach der inneren Vervollkommnung. Ziel ist die vollkommene Harmonie zwischen der physischen und spirituellen Welt. Demut begünstigt dieses Streben durch die Akzeptanz eines letztlich göttlichen Willens.

Schauen wir in die Neuzeit: Der britische Aufklärer David Hume schlug ebenfalls in diese Kerbe und definierte Demut als das *Gegenteil von Arroganz und Vermessenheit*.[93] Diese Sicht korrespondiert mit der Ansicht des großen Seelenkenners Erich Fromm und passt zudem haargenau auf unser Thema: Demut erscheint bei Fromm (*Die Kunst des Liebens*) als eine der *Vernunft entsprechende emotionale Haltung, die letztlich die wesentliche Voraussetzung für die Überwindung des eigenen Narzissmus darstellt.* Ganz ähnlich schon bei dem französischen Aufklärer Voltaire: Demut ist das *„Gegengift des Stolzes"* und *„die Bescheidenheit der Seele"*.[94]

Voltaires und Humes Perspektive ist keineswegs selbstverständlich; sie wurde in Teilen der antiken Ethik noch abgelehnt. In dieser verkörpert Demut nämlich oft keine Tugend, denn Demut hatte dort den Touch von „niedrig" bzw. von „knechtischer Gesinnung" und bezieht sich primär auf die Unterwürfigkeit zwischen Starken und Schwachen.[95] Demnach würden sich demütige Führungspersonen eher unnötig selbst kleinmachen. Diese Sicht pflegt insbesondere auch Friedrich Nietzsche und betrachtet Demut sogar als Sklavenmoral, als „Haltung eines kriechenden Wurms, der nichts anderes im

Sinn habe, als nicht getreten zu werden." Diese Ambivalenz der Tugend „Demut" diskutieren wir ausführlich im nächsten Kapitel.

Moderne Managementautoren sehen Demut als intra- und interpersonelle Persönlichkeitseigenschaft. Für Owens und Kollegen ist *humilis* zum Ausdruck gebrachte Bescheidenheit und damit eine zwischenmenschliche Eigenschaft mit der Bereitschaft, sich selbst richtig einzuschätzen und die Stärken und Beiträge anderer offen wertzuschätzen. Überdies ist die eigene Belehrbarkeit anzuerkennen.[96] Das knüpft nahtlos an die klassischen Vorstellungen an. Genauso wie Ou und Kollegen: Demut als Erkenntnis, dass etwas größer ist als das eigene Ich, als geringer Selbstfokus sowie als Offenheit gegenüber Feedback.[97] Diese Aufzählung deckt sich nun exakt mit den Attributen von narzisstischen Personen – nur spiegelbildlich verdreht.

Es ist also kein Zufall, dass das Humility-Konzept zuerst in der Psychotherapie nutzbar aufgegriffen wurde und heute enge Bezüge zur sogenannten Positiven Psychologie aufweist. Auch hierauf gehen wir noch dezidiert ein.

Die große und kluge Ordensfrau des 16. Jahrhunderts, Teresa von Avila, brachte diese für zeitgemäße Führungskräfte unentbehrliche Schlüsseltugend in schlichter Tiefe auf den Punkt: „Demut ist Wahrheit". Im kommenden Kapitel werden wir diese Idee mit Leben erfüllen. Denn demütige Führung ist letzten Endes dienende Führung. Um anderen dienen zu können, muss man sich als Person zurücknehmen und sich ggf. sogar unsichtbar machen; ganz so, wie der Wesenskern von *humilis* im lateinischen Ursprung eben nicht zufällig durch die Adjektive „klein", „niedrig" oder „unbedeutend" verkörpert wurde.

Eine demütig-bescheidene Grundhaltung verhindert letztlich, dass aus Selbstvertrauen Stardünkel wird. Wie anders liegt der Fall dagegen bei den dominant-selbstgefälligen Vorgesetzten unserer Tage. Denn trotz der für sie typischen Überlegenheitsvermutung bleiben diese Leader-Narzissten zur Bestätigung ihres Selbstbildes auf Dritte angewiesen. Ohne die staunenden Blicke des Publikums können sie nicht leben; sie brauchen die Bewunderung ihrer Mitwelt oft mehr als ihr Monatsgehalt.

Hier eine knappe Kontrastierung im Vorgriff auf das nächste Kapitel.

Narzisst	**Demütiger Führer**
• Falscher Umgang mit Kritik • Neigung zum ego-bestätigenden Wunschdenken • Selbstwertstörung • Sucht Schuld bei anderen • Legt Wert auf Äußeres (Erfolgssymbole etc.) • Sucht das Rampenlicht	• Kritik wird konstruktiv hinterfragt • Fähigkeit zur Selbstanalyse • Stabiles Selbstbild • Sucht Schuld vor allem bei sich und übernimmt Verantwortung • Legt Wert auf Inneres • Sucht die innere Einkehr
Sprechen von „ich"	Sprechen von „wir"

Gegenüberstellung von narzisstischer und demütiger Grundhaltung

3 Demut als Mindset von Managern im 21. Jahrhundert

> Versäume es, die Menschen zu ehren und sie werden Dich nicht ehren. Aber wenn ein guter Führer, der wenig spricht, seine Arbeit getan und sein Ziel erreicht hat, dann werden sie sagen, „das haben wir selbst getan".
>
> – Sprüche des Lao-tse

In diesem Kapitel greifen wir die prinzipiellen Überlegungen des vorangegangenen Abschnitts auf, beziehen sie aber noch stärker auf die heutige Arbeitswelt. Was genau kennzeichnet demütiges Führen, wie vermag eine solche Haltung Sinn zu stiften und welche positiven Effekte gehen damit im Unternehmen einher?

Nur wer sich selbst kennt, kann andere führen

Irgendwie kann man ja verstehen, dass Topmanager manchmal die Bodenhaftung verlieren. Schauen Sie sich nur die Wertentwicklung von *Apple* an: Der 1976 gegründete Konzern ist zum wertvollsten Unternehmen der Welt aufgestiegen und hatte im August 2021 einen Börsenwert von 2,4 Billionen Dollar. Damit könnte sein Chef Tim Cook den kompletten Deutschen DAX mit all seinen einzelnen Konzernen locker aufkaufen. Mehr noch: Der Börsenwert von Apple entspricht heute fast zwei Drittel der gesamten Wirtschaftsleistung Deutschlands (BIP), die im letzten Jahr immerhin 3,3 Billionen Euro betrug. Wenn Sie die Deutschland AG kaufen könnten – würde Ihnen das nicht zu Kopf steigen? Würde das Ihre Demut an den Schalthebeln der Maschine dämpfen? Tim Cook, seit zehn Jahren nun Chef von *Apple*, gilt jedenfalls als relativ geerdeter Typ. Cook ist zwar knallhart zahlenfixiert, gilt bei Insidern aber als durchaus fair und kompromissbereit.

Und ehrlich gesagt: Wenig erwarten wir ja gerade nicht von unseren Topmanagern. Sie bewegen gigantische Summen, tragen nicht selten Verantwortung für Hundertausende von Beschäftigten. Zugleich sind mehr und mehr Entscheidungen im Kontext globaler Märkte zu treffen, unter den Augen von Millionen Menschen mit oft unterschiedlichen Interessen oder Erwartungen: Staatschefs, Regulatoren, Wettbewerber, Mitarbeiter, Bürger, Aktivisten. Und das alles im Angesicht ständiger gesellschaftlicher, politischer und technologischer Umwälzungen. Auch bei Tim Cook ist also Selbstreflexion gefragt.

Leider besitzen aber nicht alle Manager oder Politiker diese Gabe; sie ist gleichwohl der Ausgangspunkt dafür, sich seiner eigenen Schwächen, Ängste, Hoffnungen oder Wünsche voll bewusst zu werden. Denn nur, wer sich selbst kennt – und auch den Mut besitzt, wirklich ehrlich in den Spiegel zu schauen –, wird den ersten Schritt gehen können: nämlich erst einmal sich selbst zu führen. Nur wer das vermag, wer seine Leidenschaften und seinen angeborenen Egoismus zu zügeln vermag, ist in der Lage, andere aufrichtig beurteilen und behandeln zu können. In diesem Sinne gehören Selbstführung und Selbsterkenntnis unweigerlich zusammen!

Bescheidenen oder gar demütigen Führungskräften fällt diese Einsicht deutlich leichter. Sie stehen folglich seltener unter dem Druck, sich selbst etwas beweisen zu müssen und kennen ihre innere Stärke.

Sie kennen aber auch ihre persönliche Unvollkommenheit, kennen ihre Schwächen und Grenzen und haben deutlich weniger Probleme damit, sich dies ebenso offen einzugestehen wie ihre eigene Hilfsbedürftigkeit. Und schließlich: Humble Leader wissen auch besser als weniger reflektierte Menschen, was der *Gemeinschaft* guttut und an welchen Punkt man sich als Gallionsfigur besser zurücknimmt.

Zur Selbsterkenntnis brauchen Sie selbst aber vor allem eines: Ruhe und innere Stille. In der hektischen Geschäftszeit, bei zuschlagenden Bürotüren und brummenden Smartphones findet man nur schwer zu sich. Versuchen Sie also, sich immer wieder Auszeiten am Tag oder wenigstens am Monatsende zu nehmen und sich zu erden. Fragen Sie sich, welche Werte Ihnen wirklich wichtig sind und ob Sie diese Werte gerade leben. Oder reflektieren Sie, was Sie Ihrem Arbeitgeber gern zurückgeben möchten. Was Sie in einem konkreten Projekt gerade antreibt oder – ganz grundsätzlich – was von Ihnen später einmal bleiben soll. Kurz: welche Spur Sie im Herzen ihrer Kollegen und Mitarbeiter hinterlassen wollen.

Nach einem beliebten Bonmot gilt: *Manager are doing the things right. Leader are doing the right things.* So unterscheiden wir im Alltag unwillkürlich die hektischen, oft von Termin zu Termin hetzenden und ihren eigenen (meist rein ergebnisorientierten) Zielen nachjagenden Manager von den echten Leadern. Diese nämlich setzen eigene Prioritäten, konzentrieren sich oft eher auf das Kollektiv und besitzen einen moralischen Kompass, d. h. sie reflektieren die von den höheren Chargen gesetzten Ziele. Sind diese „anständig" und mit den eigenen Werten verträglich? Wem könnte man mit der blinden Verfolgung dieser Ziele eventuell schaden? Dabei wird zugleich immer auch auf die Folgebereitschaft der eigenen Leute geschaut: Erfüllen diese die Vorgaben, weil es eben Vorgaben sind – oder sind sie mit dem Herzen dabei? Leider haben in den heutigen Großunternehmen nicht wenige Mitarbeiter das Gefühl, nur noch ein Instrument der Geschäftsleitung zu sein, nicht selbst zu leben, sondern gelebt zu werden. Keiner hat so ein Gefühl gern.

Die heutige Arbeitnehmergeneration ist wesentlich aufgeklärter und kritischer als ihre Vorgängergenerationen. Sie hat meist eine klare Vorstellung davon, was ihr eigenes Unternehmen tut bzw. in welchen Märkten welche Kunden auf welche Weise bedient werden. Bei einem Autobauer genauso wie im Baukonzern oder in einer Lebensversicherung. Und sie wollen, wenn sie schon bei der Firmenpolitik nicht mitreden können, wenigstens das Gefühl haben, das alles mit rechten Dingen zugeht und die internen Compliance-Regeln nicht nur auf dem Papier stehen. Aus eigenen Erfahrungen weiß ich: Zumindest in der Wahrnehmung der Geführten fehlt vielen Vorgesetzten ein ethischer Filter, das Gespür dafür, ob man lieber etwas nicht tun sollte – selbst wenn es gesetzlich erlaubt ist. Mut und Fähigkeit zur schonungslosen Selbstanalyse stehen insofern jeder Führungsperson gut zu Gesicht. Der römische Kaiser Marc Aurel schrieb in seinen *Selbstbetrachtungen* einmal: „Denn der Mensch zieht sich nach keiner anderen Stätte zu größerer Ruhe und Ungestörtheit zurück als in seine eigene Seele. (…) Suche Dir daher ständig diese Zuflucht und erneuere Dich selbst."

Nicht nur betriebswirtschaftlich, sondern eben auch ethisch wirksame Vorgesetzte zeichnen sich letzten Endes durch ihren emotional erweiterten Horizont aus. Sie können in die sozialen Schweigezonen blicken und wissen auch um die emotionale Seite der Arbeit; denn diese bildet letztlich die Kehrseite der ansonsten rein sachlich konzipierten Funktionsbezüge in den Betrieben. Doch leider hatten und haben Gefühle am Arbeitsplatz keinen guten Ruf: Wer sachlich und cool bleibt, gilt als professionell. Wer dagegen gefühlige Regungen zeigte, wurde von Business Coaches dazu angehalten, die eigenen Emotionen besser zu kontrollieren – „niemand muss sehen, was hinter Ihrer Stirn vorgeht". Emotionen unerwünscht, bitte Kopf statt Herz! Warum eigentlich?

Erst langsam setzt sich die Erkenntnis durch, dass niemand seine Gefühle – auch die aus dem privaten Umfeld – auf dem Firmenparkplatz zurücklässt oder ein steinernes Gesicht im Angesicht von überforderten Mitarbeitern wirklich hilfreich sei. Und authentisch erst recht nicht. Nein: Die systematische Einbeziehung von Emotionen in das organisationale Handeln bedeutet vielmehr einen wichtigen Hebel nicht nur zur effektiveren Zielerreichung, sondern auch zur inneren Akzeptanz und psychischen Gesunderhaltung der Mitarbeiter. Denn diese möchten, wie wir alle, Subjekte und nicht Objekte des Handelns sein.

Wer braucht eigentlich wen?

Einige von Ihnen kennen sicherlich das sogenannte *Ultimatumspiel*. Dieser Name beschreibt ein Experiment, das in den 1980er-Jahren von einer Forschergruppe um den Verhaltens- und Neuroökonom

Werner Guth entwickelt wurde. Das Spiel geht wie folgt: Man stellt einer Person A einen höheren Geldbetrag in Aussicht, der aber nur ausgezahlt wird, wenn eine fremde Person B dem zustimmt. Mit anderen Worten: Wenn B nicht zustimmt, bekommt auch A den in Aussicht gestellten Betrag nicht. A muss sich folglich entscheiden, wie er das Geld aufteilen will – und er darf diese Entscheidung nur einmal treffen und kann sie auch nicht revidieren.[98]

Zunächst erlebt man in diesem Spiel, dass sich die Person A im Vorteil wähnt und Person B in etwa einen Geldbetrag von 10–20 % der Maximalsumme anbietet. Dies scheint A ein gerechter Anteil zu sein. Je länger die Spieler hierüber nachdenken, umso eher kommt allerdings B auf die Idee, dass er oder sie mindestens genauso wichtig ist wie Akteur A. Denn ohne seine Zustimmung platzt der Deal. Dies führt am Ende dann häufig dazu, dass B sich mit keinem Betrag zufriedengibt, der unter 50 % des Preisgeldes liegt.[99] *Irgendwann realisieren beide, dass sie den jeweils anderen brauchen.* Und genau dies ist die Situation in betrieblichen Führungssituationen: Die Führungskraft benötigt die Angestellten mindestens so sehr wie diese ihren Vorgesetzten.

> Die Mitarbeiter brauchen keinen Chef, um Mitarbeiter zu sein; aber Sie als Vorgesetzter brauchen Mitarbeiter, um Chef zu sein. Diese Erkenntnis ist der erste Schritt zu einem fairen und integren Führungsstil.

Echte Leader wissen, dass die Mannschaft der Star ist und sie in einer komplexen und hochdynamischen Business-Welt allein gar nichts mehr ausrichten können.

Diese Einsicht ist leicht hingeschrieben, aber schwer zu beherzigen. Nicht nur, weil unsere Anreiz- und Belohnungssysteme im Sport genauso wie in Schulen oder Unternehmen auf individueller Ebene greifen. Und am Rande: Japanische Wissenschaftler konnten nachweisen, dass Psychopathen das Spiel ganz anders angehen; sie haben z. B. deutlich weniger Probleme mit Ungerechtigkeit. Häufig geht es ihnen allein um die Maximierung ihres Zugewinns, nicht um die „Bestrafung" des Gegenübers. Denn bei geistig gesunden Teilnehmern waren eben nicht wenige bereit, einen als ungerecht empfundenen Deal ganz abzulehnen. Das heißt: Fairness kann für Normalos wie Sie und mich attraktiver sein als blanker Zugewinn!

Letztlich sind wir alle Kinder der Evolution, denn in uns allen existiert ein genetischer Code, der weit in unsere Vorzeit als Jäger und Sammler zurückreicht. In dieser tribalen Kultur war der Anführer unmittelbar erlebbar, und es gab keinen Unterschied zwischen dem privaten und dem öffentlichen Selbst. Der Leader war authentisch. Dieser Urzustand stiftete eine soziale Identität, die so heute nicht mehr vorzufinden ist. Unsere Bedürfnisse als Jäger und Sammler werden im modernen Leben nicht mehr so direkt – oder vielleicht auch gar nicht mehr – angesprochen. Wir haben die intime Stammeskultur eingetauscht gegen bürokratische Großorganisationen mit global tätiger Belegschaft. Anders gesagt: Das soziale Band zwischen oben und unten ist zerschnitten. In dieses Vakuum muss Leadership stoßen; sie kann das erreichen, wenn es ihr gelingt, die soziale Identität der Stammeskultur mit den Bedürfnissen und Herausforderungen moderner Großunternehmen zu verschmelzen. Das in Kapitel 2 skizzierte Konzept des *Servant Leadership* war ein erster Versuch dazu; ihre Anwender sehen sich als „Stewards of their organization".[100]

Eine dienende Führung führt dieses Streben konsequent weiter. Das meint ja eigentlich auch der Begriff „Arbeitsteilung", der letztlich ein Prinzip beschreibt, auf dem alle Großorganisationen aufgebaut sind – bis heute. Das heißt: Zumindest bezahlte Arbeit ist immer Arbeit für *andere*; man leistet nur vordergründig etwas für sich. In Wirklichkeit ist man Glied einer Kette, die erst an ihrem Ende eine für einen Leistungsabnehmer (Patienten, Kunden, Schüler etc.) nutzenbringende Leistung hervorbringt. Also fragen Sie sich im Unternehmenskontext bitte immer auch, wie Sie dem Abnehmer Ihrer (Vor-)Leistung den größten Nutzen verschaffen können. Wie könnten Sie Ihrem externen oder internen Kunden am besten dienen? Womit helfen Sie ihm am meisten? Dazu eine erinnerungswürdige Geschichte.

Der irische Südpolforscher und Entdecker Ernest Shackleton war Teil einer englischen Expeditionsmannschaft, die im August 1914 aufbrach, um als erste den antarktischen Kontinent näher zu erkunden. Dazu musste Shackleton mit seinem Schiff, der *Endurance*, eine Reise von mehr als 1.800 Seemeilen zurücklegen. Es würde eine lange Fahrt werden. Shackleton entschloss sich, eine Zeitungsanzeige aufzugeben. Diese war eher schlicht und rauh, aber dafür ehrlich: „Männer gesucht für eine gefährliche Reise. Niedriger Lohn, bitterkalt, lange Monate kompletter Dunkelheit, ständige Gefahr, sichere Rückkehr zweifelhaft. Ehre und Anerkennung im Erfolgsfall."

Stellen Sie sich bitte vor, Ihr Unternehmen würde so eine unverblümte Stellenbeschreibung in die Zeitung setzen. Würden Sie sich darauf bewerben?

Shackleton aber bekam seine 28-köpfige Mannschaft zusammen (er soll 5000 Bewerbungen erhalten haben). Was als Triumphzug geplant war, endete allerdings in einem monatelangen Überlebenskampf. Denn sie hatten Pech und wurden in einer lebensfeindlichen Umgebung vollständig von driftendem Packeis eingeschlossen. Zehn Monate lang ging gar nichts, nicht vor und nicht zurück. Schiff und Besatzung saßen fest – als winziger, einsamer Fleck auf einem gefährlichen und unkartierten Meer. Unterdessen drängte das Packeis gegen den Rumpf des hölzernen Schiffes, die Männer pumpten unentwegt eindringendes Wasser ab oder versuchten, Schäden zu reparieren. Zwischen den Schiffbrüchigen und dem eiskalten Meer befand sich nur eine anderthalb Meter dicke Eisschicht. Letztlich wurde das Schiff von den driftenden Packeisschollen zerquetscht – so dauerhaft wie ihr Name war die *Endurance* dann doch nicht.

Die Mannschaft war wochenlang gezwungen, auf dem Eis zu kampieren und machte sich gerade noch rechtzeitig in ihren drei Rettungsbooten davon – und war dann weitere vier Monate lang der unruhigen See und den eisigen Temperaturen ausgesetzt. Von der geisttötenden Monotonie ganz zu schweigen. Die Zeitungsanzeige hatte nicht gelogen. Nach den Angaben des Ersten Offiziers Lionel Greenstreet hat Shackleton sich insbesondere in den gefährlichen Teilen der Reise rührend um seine Männer gekümmert. Noch nie hatte er auf einer Expedition einen Mann verloren und hatte das auch jetzt nicht vor. Sie erreichten irgendwann Elephant Island, nicht viel mehr als ein karger Felsbrocken voller Pinguinkot.

Nach weiteren Monaten des Wartens nahm sich Shackleton das letzte halbwegs intakte Rettungsboot und segelte mit fünf Getreuen zu den Südgeorgischen Inseln. 800 Seemeilen waren sie unterwegs, bis sie – erschöpft, halb erfroren und fast verhungert – durch einen weiteren Fußmarsch auf eine Walfangstation trafen. Hier fanden sie Hilfe und ruderten anschließend wieder zur verbliebenen Besatzung zurück. Diese hatte zuletzt unter zwei umgekippten Rettungsbooten gelebt. Am Ende konnten alle Zurückgebliebenen gerettet werden. Nun endlich war Shackleton zufrieden.

Kurz vor seiner nächsten Fahrt in die Antarktis verstarb er nach einem Herzinfarkt. Er war inzwischen 47 Jahre alt und vom englischen

König geadelt worden. Dieser große Kapitän und Mensch wurde auf den Südgeorgischen Inseln begraben. Die *Endurance* wurde bis heute nicht gefunden.

(Foto von Frank Hurley, Public domain, Wikimedia Commons)

Was kann man daraus lernen?

> Gute Leader geben nicht nur Antworten, sondern Orientierung.

Ernest Shackleton war nicht nur mutig und tapfer, er hatte auch Verstand genug zu erkennen, dass er seine eigentliche Mission verlassen und sich neuen Zielen widmen musste: Er war durch die dramatischen Umstände kein Forscher mehr, sondern ein Menschenretter. Er schaffte es und kam mit allen verbliebenen Getreuen wieder in England an. Shackleton war gescheitert – aber nicht menschlich. Er stand immer fest zu seinen Entscheidungen, weil sie für ihn *ethisch* motiviert waren.

Schon bei einer früheren Südpol-Expedition hatte er als Leader sein Ziel verfehlt – und auch wieder nicht: Auf der Nimrod-Reise (1907-1909) entdeckte er auf einer abgelegenen antarktischen Insel Vegetation und fand außerdem den magnetischen Südpol, was für alle

Navigatoren seiner Zeit natürlich von unschätzbarem Wert war. Gleichwohl musste seine damalige Crew lächerliche 97 Meilen vor dem Südpol umkehren, weil er durch akribisches Rechnen herausfand, dass der übriggebliebene Proviant nicht für den Rückmarsch reichen würde. „Lieber ein lebendiger Esel als ein toter Löwe", sagte er nach geglückter Rückreise zu seiner Frau. Auch hier schon: Nicht Ruhm, sondern bewahrte Menschenleben standen an erster Stelle. Ganz nach Voltaire: Demut ist das „Gegengift des Stolzes". So wurden seine Fehlschläge am Ende doch Erfolge. Ernest Shackleton ist damit ein Musterbeispiel nicht nur für Durchhaltevermögen und erfolgreiches Krisenmanagement, sondern letztlich von viel mehr: einer beeindruckenden Leadership-Kunst![101]

Humble Leadership: Praktische Bausteine demütiger Führung

Wir haben gesehen, dass Demut beides bedeuten kann: sowohl eine persönliche Haltung – ein spezielles Mindset – als auch ein bestimmtes Tun. Demütig-bescheidene Leader sind bereit, ihren Mitarbeitenden einen Vertrauensvorschuss zu gewähren; sie gehen also in Vorleistung und entsprechen damit einem zentralen Postulat der sogenannten *Sozialen Austauschtheorie (Social exchange theory)*.[102] Diese Theorie beleuchtet das Verhalten von Individuen in sozialen Beziehungen, betrachtet deren Transaktionen und Verpflichtungen oder – technisch gesagt – bidirektionale Transaktionen unterschiedlicher Güter in einem ökonomischen Zusammenhang. Salopp gesagt: den Tausch von Leistung gegen Belohnung, von Glaubwürdigkeit gegen Ehrlichkeit, von Prestige gegen Anstand.

Die Soziale Austauschtheorie zeigt: Die allermeisten Menschen antworten auf positives wie negatives Handeln der Gegenseite mit demselben Verhalten. Es herrscht das eherne *Gesetz der Reziprozität*.[103] Und das heißt im betrieblichen Zusammenhang dann: Wer als Untergebener aggressiv oder kleinlich behandelt wird, der neigt dazu, diese Erfahrung weiterzugeben – auch die Kollegen werden dann aggressiv oder kleinlich behandelt. Und wer auf Respekt und Vertrauen stößt, der wird auch anderen vertrauen oder ihnen den gebührenden Respekt erweisen.[104] Der Volksmund kennt das: „Wie man in den Wald ruft, so schallt es auch wieder heraus." Das ist bei Managern genauso wie bei Angestellten. Jede Seite hat etwas zu geben und bekommt dafür etwas Gleichwertiges zurück – wie beim Ultimatumspiel. Im einfachsten Fall materielle Belohnung, im höheren Fall Sozialprestige und Sinn.

Für mich besteht die Quintessenz von Demut letzten Endes in folgenden drei Hauptbestandteilen:

- **Bescheidenheit** (Humility)
- **Offenheit** (Transparency) und
- **Ehrlichkeit** (Honesty).

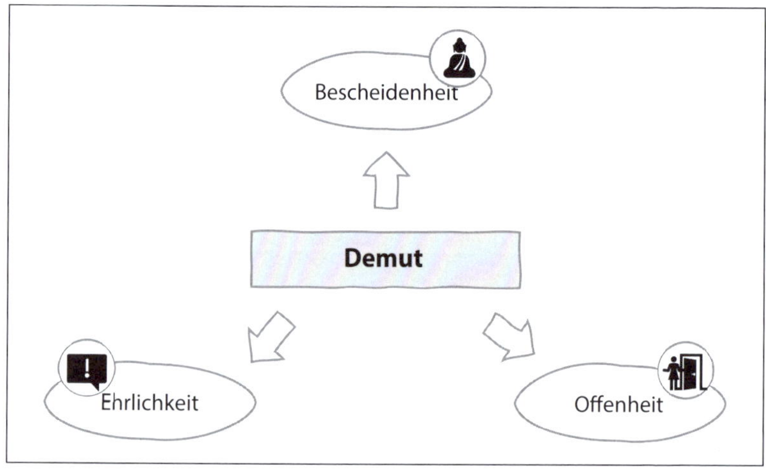

Marksteine einer demütigen Grundhaltung

Zunächst einmal sind demütige Führer *ehrlich*, und zwar in beide Richtungen: ehrlich zu anderen Menschen (Untergebenen, Kunden, Investoren) und ehrlich zu sich selbst. Sie erkennen und benennen offen ihre Fehler, ihre Irrtümer, ihre Grenzen. Sie sind kritikfähig und auch nicht zu stolz, sich helfen zu lassen oder auch Unterstellte um Unterstützung zu bitten. Crossman und Doshi haben empirisch bestätigt, dass das Eingeständnis des eigenen Nicht-Wissens in einem kollegialen Umfeld eine Stärke sein kann – es erzeugt nämlich Authentizität und Vertrauen![105] Überhaupt vermeiden sie Stolz als Emotion, denn der Stolze neigt zu Selbstüberhöhung und Selbstüberschätzung. Das kann Fehlentscheidungen provozieren. Wir haben gesehen, dass Narzissten in der Unternehmensspitze z. B. wesentlich schneller internationalisieren und generell höhere Summen einsetzen. Die Subprime-Krise, die zynische und eitle Immobilienfinanzierer 2008/09 in den USA dadurch ausgelöst haben, dass sie aus Gier auch Menschen mit sehr wenig Einkommen mit Immobilienkrediten versorgten, hat nicht zufällig die letzte globale Wirtschaftskrise erzeugt. (Filmtipp: *The Big Short* auf NETFLIX).

Demütige Führer sind anders, eben leise, behutsam, drängen sich nicht ständig in den Vordergrund. Sie sind bescheiden und stehen zu ihren Schwächen. Sie verschweigen aber auch nicht eigene Verdienste und Leistungen, denn das wäre unehrlich. Sie stehen zu ihrem besonderen Status, leiten daraus aber keine Sonderrechte ab (wie z. B. einen größeren Firmenwagen oder besondere Boni). Demütig-bescheidene Menschen können in der zweiten Reihe stehen und anderen den Vortritt lassen. Erfreuen sich an den guten Beiträgen Dritter. Streben primär nach Leistung, nicht nach Status oder Prestige. Demütige Menschen wissen um ihren Wert, erhöhen aber nicht ihren Preis.

Und sie sind nicht hintenrum, sondern kommunizieren *offen*. Wer Vertrauen aufbauen will, muss transparent sein. Die Karriere-Website *Glassdoor* hat 2018 herausgefunden, dass satte 90 % aller Jobsuchenden der Meinung sind, es sei wichtig, einen Arbeitgeber zu finden, der Transparenz und Offenheit praktiziert.[106] Man darf annehmen, dass das nicht nur die Mitarbeitenden so sehen, sondern auch die Kunden und Geschäftspartner eines Unternehmens. Denn Transparenz erzeugt Vertrauenswürdigkeit – und das ist nicht nur in geschäftlichen Beziehungen ein großer Trumpf.[107]

> Gute Leader taktieren also nicht hinter den Kulissen, sondern agieren auf offener Bühne. Sie sagen, was sie meinen (= Offenheit) und meinen, was sie sagen (= Ehrlichkeit).

Sie stellen sich selbst in den Wind und übernehmen die Verantwortung gerade auch, wenn es schwierig wird. Sie praktizieren weder taktische Mikropolitik noch kleinteiliges Mikromanagement, d. h. das allzu kleinteilige Anweisen und Kontrollieren von Mitarbeitern. Die gute alte Stechuhr oder das ständige Sich-Berichten-Lassen sind unübersehbare Symptome hierfür. Sie rauben den Beschäftigten mit der Zeit jegliche Eigeninitiative. Denn Mikromanagement bedeutet letztlich, kein Vertrauen in die Geführten zu haben. Offenheit und Ehrlichkeit zusammen ergeben *Aufrichtigkeit*.

Dies sind aus meiner Sicht eher prinzipielle Grundbausteine von Demut. Sie stehen nicht im Widerspruch zu einem anderen, nun ebenfalls vorzustellenden Ordnungskonzept, sondern setzen nur andere Schwerpunkte. Denn besonders wirkungsstark in den Wirtschaftswissenschaften, speziell auch in der Führungslehre, ist das *Konzept der Expressed Humility* von Owens und Kollegen geworden.[108] Dessen Sicht ist noch etwas spezieller auf die Berufswelt gemünzt. Demnach besteht Demut aus drei zentralen Komponenten, die im realen Leben natürlich miteinander verknüpft sind und teilweise auch aufeinander aufbauen:

- **Selbsterkenntnis** (*Self-assessment*): also dem Willen und der Fähigkeit zum unverstellten Blick auf sich selbst. Dazu zählt die Vermeidung von Selbstüberschätzung (die u. a. zu Konformitätsdruck in der Belegschaft führen kann) sowie die ehrliche Bereitschaft zur Spiegelung der Eigenwahrnehmung durch andere. Seien Sie also nicht wütend, wenn Sie Kritik ernten, sondern dankbar für den Mut Ihres Gegenübers. Wer in der Lage ist, sich selbst ehrlich wahrzunehmen, dem fällt es naturgemäß auch leichter, die eigene Organisation, die Branchenkonkurrenten oder die gesellschaftliche Umwelt zutreffender einzuschätzen.
- **Anerkennung anderer** (*Appreciation*): wichtig ist das ausdrückliche Aufnehmen der Beiträge und Kompetenzen anderer Teammitglieder, die Überwindung des kompetitiven Denkens (für bescheidene Leader ist es nicht furchtbar schlimm, wenn die bessere Idee von einem unterstellten Gruppenmitglied kommt) sowie die aufrichtige Bereitschaft, Macht ggf. auch mal abzugeben. Dazu gehört u. a., Erfolgsverantwortung teilen zu können. Die Anerkennung gerade auch höherer Kräfte schließt die Möglichkeit einer gewissen Fügung bzw. die subjektive Erkenntnis eines göttlichen Einwirkens ausdrücklich mit ein.
- **Eigene Belehrbarkeit** (*Teachability*): Die Kenntnis der eigenen Fehlbarkeit macht bescheiden. Bleiben Sie also offen für Feedback oder die Ideen anderer, stärken Sie Ihre Bereitschaft zum lebenslangen (Dazu-)Lernen, bleiben Sie neugierig, vermeiden Sie zu viel Routine, akzeptieren Sie soziale und technologische Veränderungen. Und bleiben Sie nicht zufrieden beim Erreichten stehen.

Wer als Leader seine eigenen Grenzen anerkennt, weiß, dass er die anderen braucht. Einen Humble Leader macht das nicht kleiner, sondern größer. Dies wusste bereits der wichtigste Lehrmeister der Chinesen: „Widerspruch war dem Meister willkommen, trug er doch zur Klärung bei. Dies galt auch für Einwände gegen sein eigenes Verhalten. *Konfuzius* schätzte sich glücklich, wurden seine Fehler erkannt, und ein Schüler stellte fest: ‚Die Mängel des Edlen gleichen den Verfinsterungen von Sonne und Mond. Jeder sieht seinen Fehler, und wenn er ihn korrigiert, blicken alle zu ihm empor'."[109]

Mit Demut ausgestatteten Menschen ist auch bewusst, dass ihre Zeit im Unternehmen endlich ist – egal wie erfolgreich sie letztlich gewirkt haben. Sie akzeptieren, dass sie irgendwann durch eine(n) andere(n) ersetzt werden. Narzisstische Chefs tun sich mit einer solchen Einsicht erfahrungsgemäß schwerer; sie klammern sich an ihre Allmacht und sind – gut zu beobachten auch in politischen Parteien – häufig argwöhnisch gegenüber Newcomern. Diese könnten schließlich potenzielle Konkurrenten sein. Sie müssen dem „Neuen", wenn er in seinem Verantwortungsbereich zu populär wird, daher doppelt Aufmerksamkeit schenken. Das kostet natürlich Energie und Kraft. Diese Energie sollte besser in zwei der vornehmsten Führungsaufgaben fließen, nämlich der systematischen Entwicklung weiterer Leader im Unternehmen sowie der Findung eines fähigen Nachfolgers. Die gezielte Suche danach ist Chefsache und der beste Dienst, den man als loyale Führungskraft seinem Arbeitgeber erweisen kann! Sie sichert dem Unternehmen die Weitergabe wertvoller Erfahrungen und Einblicke der Führungsspitze. Dieser Wissensschatz ist ein unglaublicher Asset, der nicht durch persönliche Eitelkeiten verspielt werden darf.

Als konkrete Beispiele derartiger Vorstände, die letztlich den Wert einer solch demütig-zurückgenommenen Einstellung erkannt haben, gelten unter anderem Sam Walton (Gründer von *Wal-Mart)*, Mary Kay Ash (Gründerin von *Mary Kay Inc.*), Ingvar Kamprad (*IKEA*), Konosuke Masushita (*Technics/Panasonic*) oder Herb Kelleher (Vorstand von *Southwest Airlines*). In Deutschland kommen Unternehmer wie Claus Hipp, Götz Werner oder der norddeutsche Hoteleigner Bodo Janssen infrage. Janssen hat die Freizeitkette *Upstalsboom* nach dem Motto „Wertschöpfung durch Wertschätzung" erfolgreich umgebaut.[110] Er praktiziert eine klösterliche Gesprächsführung und hat in vielen seiner Häuser und Ferienanlagen holokratische Strukturen mit selbstbestimmten Teams eingeführt. Er versteht sein Unternehmen als Plattform dafür, dass sich Menschen psychisch, physisch und sozial wohlfühlen; für ihn dient Wirtschaft dem Menschen und nicht umgekehrt.[111] All diese Vorstände sind echte Wegbegleiter und Wegbereiter ihrer Mitarbeiter.

Um diesen Idealzustand zu erreichen, ist aber nicht nur die richtige Mentalität vonnöten, sie sollten ihren Anvertrauten auch *ganz direkt* helfen können. Effektive Leader sind nicht nur spirituelle Vorbilder, sondern auch in der Lage, unmittelbar praktisch zu unterstützen.

Setzen Sie dabei immer an den Stärken Ihrer Mitarbeiter an, nicht an deren Schwächen. Grundsätzlich schadet es natürlich nie, an den eigenen Schwächen zu arbeiten. Alle guten Tennisspieler wissen das. Aber die großen Turniere werden mit den Stärken gewonnen – der Vorhand, dem Volley, dem Aufschlag. Lax formuliert: Wenn Sie als Schüler schlecht in Chemie waren, vermeiden Sie ein Chemiestudium. Machen Sie das, was Sie schon können, und qualifizieren Sie sich in Ihrer Domäne sukzessive weiter. Nur durch Beschränkung und Tiefe entsteht Exzellenz! Schwächen auszumerzen ist überdies ein langfristiger Prozess, der in einer konkreten Drucksituation kaum durchführbar ist.

Idealerweise fallen Führungseffizienz und Führungsethik also zusammen. In diesem Sinne lassen sich die wesentlichen Eigenschaften einer bescheidenen, aufrichtigen und transparenten Führungskraft gut zusammenfassen.[112] Diese Leader sind

- offen gegenüber neuen Sichtweisen und bereit, von anderen zu lernen,
- bitten ohne Scheu andere um Hinweise und Rat,
- entwickeln systematisch ihre Mitarbeiter,
- haben ein ehrliches Interesse zu dienen,
- respektieren andere Menschen und Meinungen,
- teilen Anerkennung und Lob mit anderen,
- akzeptieren Erfolg ohne viel Aufhebens und Selbstüberhöhung,
- lehnen Schmeichelei und Statussymbole ab,
- vermeiden jegliche Selbstzufriedenheit und
- verfügen über die nötige Emotionale Intelligenz, um sich in die Situationen und Denkwelten ihrer Mitmenschen versetzen zu können.

Viele von diesen Merkmalen finden wir parallel in der Denkschule der Positiven Psychologie wieder.[113] Nicht zufällig ist Demut auch hier ein Schlüsselbegriff, denn die Positive Psychologie untersucht die komplexe Verbindung von beruflicher Leistung und persönlicher Gesundheit und Befriedigung *aller* am Wirtschaftsprozess Beteiligten. Es geht hier, salopp gesagt, um gute Organisationen, gute Arbeitsplätze und gute Gedanken. Prototypisch hierfür ist das Buch von Martin Seligman und Christopher Peterson *Character Strength and Virtues: A Handbook and Classification* (Oxford University Press 2004).[114] Positive Emotionen können den Gruppenzusammenhalt stärken und die Verbundenheit mit der Arbeitsaufgabe verbessern. Negative Emotionen verschlechtern nicht nur die formalen Arbeitsergebnisse, sondern auch die Arbeitszufriedenheit und am Ende die allgemeine Lebensqualität der Mitarbeiter.

> Entgegen der landläufigen Meinung ist Demut allerdings keine absolute, sondern eine graduelle Tugend.

Das heißt, dass diese Eigenschaft in der Realität *in unterschiedlicher Intensität* auftritt. Alle, Leader wie Mitarbeitende, besitzen also unterschiedliche „Demutsgrade", und kein Unternehmensmitglied dürfte über einen perfekten Demutswert verfügen. Genauso wie es wohl auch keine Person im Unternehmen geben wird, die den absoluten Nullpunkt auf einer solchen Skala erreicht. Heben wir das Ganze auf die institutionelle Ebene, fragen wir also nach der Demut einer ganzen Organisation, dann setzt sich diese im Wesentlichen aus drei Elementen zusammen:

- der Bescheidenheit und Ehrlichkeit der Topmanager bzw. des Inhabers,
- der Bescheidenheit und Ehrlichkeit der einzelnen Unternehmensmitglieder und
- der „demütigen" Ausrichtung der organisationalen Werte, Strukturen und Systeme (z. B. des Informations-, Lohn- oder Beförderungssystems).

Diese Grundhaltung einer Organisation muss nicht unbedingt in der Unternehmensverfassung oder in einem öffentlichen Unternehmensleitbild verkündet werden. Das wären nur Worte. Viel wichtiger ist, dass diese Überzeugung integraler Bestandteil der Unternehmenskultur ist, also tatsächlich von möglichst vielen Unternehmensangehörigen gefühlt und gelebt wird.

Dazu muss man zunächst eines erreichen: *Vertrauen aufzubauen.* Ohne Vertrauen werden Ihre Mitmenschen immer eine Reserve vorhalten. Vom Führungsexperten Rainer Sprenger gibt es den schönen Spruch: „Wer ohne Vertrauen führt, geht im Betrieb eigentlich nur spazieren." Das mag markig klingen, treffend ist es dennoch. Wem aber werden die Mitarbeiter eher Vertrauen schenken: einem bescheidenen, unaufdringlichen Vorgesetzten, der nicht alle Erfolgsmeriten allein für sich reklamiert und seinerseits den Angestellten vertraut? Oder einem lauten Silberrücken, der nicht bereit ist, dazuzulernen bzw. von seinem Umfeld konstruktive Ratschläge anzunehmen?

Die einstige indische Staatslenkerin Indira Ghandi zitierte gern einen Satz ihres Großvaters: „Es gibt zwei Arten von Menschen: solche, die arbeiten, und solche, die die Anerkennung ernten. Er riet mir, ich solle versuchen, in die erste Gruppe zu kommen. Hier wäre viel weniger Wettbewerb."

Investieren Sie also aktiv in die Vertrauensbildung: gegenüber Kunden, Kollegen, Vorgesetzten und natürlich zuvorderst gegenüber Ihren unmittelbaren Wertschöpfungspartnern – Ihren Mitarbeitern. Wenn der Fokus innerhalb des Unternehmens insofern auf den zwischenmenschlichen Beziehungen liegt, dann ist auch klar, dass es im Kern um Gruppendynamik geht. Oder mit den Worten von Edgar und Peter Schein: „In Gruppenprozessen zu denken wird zu einem zentralen Baustein bescheidener Führung".[115] Anders gesagt: Wir müssen in den Unternehmen die bereits vorhandene technische Rationalität noch entschlossener in eine *sozio*-technische Rationalität verwandeln.

Wenn das gelingt, dann werden vermeintlich weiche Eigenschaften wie Empathie, Offenheit und Vertrauen die bisherigen Führungsfunktionen wie Planung, Exekution und Kontrolle ersetzen. Dies bedeutet im Endeffekt nichts weniger als einen Kulturbruch mit dem gegenwärtigen Managementverständnis. Aus einstmaligen Vorgesetzten und Untergebenen wird eine sozial miteinander agierende und noch stärker aufeinander angewiesene Gruppe. Technische Kompetenzen verschieben sich zu sozialen Kompetenzen; das System wird teamorientiert.

Modernes Führen hat deshalb viel mit der Selbstertüchtigung der Mitarbeiter zu tun. Diese erwarten heute Autonomie und konstruktives Feedback – nicht Besserwisserei und Überwachung von oben. So betrachtet, besitzen effektive Führungskräfte vor allem das Talent, andere dazu anzuleiten, ihre Absichten aus eigener Kraft in die Wirklichkeit umzusetzen. In unsteten Zeiten sind die Kunst und der Wille zum Selbstmanagement mehr denn je gefordert. Das entlastet die Führenden und kratzt keineswegs an deren Image. Souveränität bedeutet für Humble Leader Distanz zum eigenen Machtstreben.

Wozu das alles? Greifbare Ergebnisse demütiger Führung

Eine demütige Organisation stellt zunächst einen Wert an sich dar und muss nicht unbedingt utilitaristisch begründet werden. Sie ist aber unter bestimmten Bedingungen durchaus auch eine strategische Ressource. Wenn eine Ressource im Wettbewerb einen Unterschied machen soll, dann muss sie möglichst selten sein. Zunächst ist ein moderates Ehrlichkeits- und Bescheidenheitslevel durchaus normal und stellt damit weder einen echten Vorteil im Kampf um Kunden und Marktanteile dar noch einen echten Nachteil. Aber ein sehr hoher Grad an Demut – sichtbar u. a. im operativen Führungsstil, in den organisationalen Praktiken, beim Umgang mit Leistungsschwächeren oder auch in einer überdurchschnittlich hohen Zahl aufrichtiger Leader – ist eben rar. Und damit ein echter Wettbewerbsvorteil!

> Diverse Studien zeigen, dass ein leiser und integrer Führungsstil durchweg positive Auswirkungen sowohl auf einzelne Geführte wie auch auf ganze Arbeitsgruppen hat.

Vor allem gelingt es demütigen Führungskräften besonders effektiv, ein Klima des gegenseitigen Vertrauens am Arbeitsplatz zu erzeugen. Hierdurch stärken diese das psychologische Sicherheitsempfinden ihrer Beschäftigten („psychological safety“) und gelangen so zu einem wirklich freien und offenen sozialen Austausch.[116] Dies wiederum trägt zu einem erhöhten Selbstvertrauen der Mitarbeiter bei, was anschließend positive Korrelate mit deren beruflichem Engagement, Performance sowie auch individueller Job-Zufriedenheit (= z. B. niedrigere Kündigungsrate) ergibt.[117]

In ähnlicher Weise konnte nachgewiesen werden, dass Untergebene sich weniger verwundbar fühlen (und in der Folge dann auch authentischer handeln), wenn sie einen „humble boss“ haben.[118] Wenn die Mitarbeiter Ihnen als ehrlicher und bescheidener Führungskraft vertrauen, dann unterstellen sie Ihnen auch nicht, dass Ihre Anweisungen oder Ratschläge einen egoistischen Hintergrund haben. Wahrscheinlich verzeiht man Ihnen sogar Ihre Fehlentscheidungen, denn bei demütigen Vorgesetzten geht man nicht davon aus, dass sie diese mit Absicht begangen haben oder gar mit dem Ziel, anderen zu schaden. Deshalb darf man als Führungskraft ja auch mal Schwächen zeigen oder sein augenblickliches Nicht-Wissen mitteilen. In diesem Sinne bietet „Trust" den idealen Nährboden für viele fruchtbare Effekte am Arbeitsplatz.

Weitere Effekte

Durch ihre Bereitschaft, sich beständig weiterzuentwickeln und das Feedback anderer anzunehmen, verbessern bescheidene Führungskräfte auch den Wissensaustausch in Teams, wodurch sich u. a. die Diffusion von Informationen verbessert.[119] Humble Leadership lässt die Lernkurven von Managern wie Beschäftigten also steiler verlaufen, was mehr Innovationen hervorbringt und die organisationale Lernfähigkeit insgesamt verbessert – wichtig vor allem in hochdynamischen Umwelten![120]

Auch gesundheitliche Effekte auf das Personal sind zu verzeichnen, u. a. eine Stärkung der Resilienz, also der individuellen Widerstandsfähigkeit der Arbeitnehmer. Denn diese wollen nicht dominiert werden, sondern als aktiver Part Einfluss auf das Geschehen um sie herum nehmen. Die Organisationspsychologie hat schon in den 1970er-Jahren herausgearbeitet, dass Einbindung und Autonomie zentrale psychosoziale Bedürfnisse des werktätigen Menschen sind.[121] Sogar Gehaltsdifferenzen zwischen den Hierarchieebenen scheinen sich mit der Zeit abzuflachen, die Arbeit im Topmanagement-Team inkl. seiner Entscheidungsqualität zu verbessern sowie der Firmenwert insgesamt zu steigen.[122] All dies konnte durch statistisch saubere Datenauswertung abgesichert werden. Allerdings darf Demut auf die Kollegen und Mitarbeiter natürlich nicht vorgespielt wirken (sog. humble-bragging); andernfalls wird Vertrauen schnell wieder verspielt.[123]

Das ganz besondere Wesen der Demut strahlt schließlich auch auf andere betriebliche Tugenden aus und multipliziert dadurch weitere betriebliche Trümpfe. Denn Demut liefert einen konsequent-klaren Wertekompass zur Ausrichtung vermeintlich eindeutiger Stärken. Mut z. B. kann rasch zu Übermut werden, wenn er nicht durch Bescheidenheit und Maßhalten gezähmt wird. Auch starke Aktivität als solche ist nicht immer gut, denn sie kann durchaus auch in die falsche Richtung gelenkt werden und wirkt dann mitunter selbstzerstörerisch. Ein guter Draht zu Investoren ist nützlich, kann in der Hand von egomanischen Managern aber ebenfalls verheerende Folgen haben, weil im Falle des zu optimistischen Übermuts zugleich größere Summen auf dem Spiel stehen. Hier braucht es klare moralische Standpunkte.

Überdies sind Humble Leader stark geprägt durch ihr Wissen um die *eigene Fehlerhaftigkeit („Fallibility“)*. Wie Isaac Smith und Maryam Kouchaki 2018 herausgefunden haben, wirkt sich dieses Wissen sowohl auf personaler als auch auf gesamtunternehmerischer Ebene aus.[124] Zum einen sind die Unternehmen dadurch nicht nur anständiger in ihren strategischen Entscheidungen, sondern auch verständnisvoller bei Fehlern oder Minderleistungen ihrer Mitarbeiter. Als Negativbeispiel auf Unternehmensebene nennen die Autoren die moralisch falsche Haltung der *Ford Motor Company* im Angesicht mehrerer tödlicher Unfälle mit ihrem Modell *Pinto*. Das Unternehmen wusste aus diversen Unfällen, dass der Kleinwagen rasch in Flammen aufging, wenn er am Heck getroffen wurde, entschied sich aber aus reinen Kostenüberlegungen dafür, den Pinto nicht zurückzurufen oder gar grundlegend zu überarbeiten.[125]

Ein unvorsichtiger Auto-Zulieferer

Ein ganz ähnliches Verhalten hat den japanischen Autozulieferer TAKATA erst vor den US-Senat und dann ins Firmen-Aus gebracht. TAKATA war Spezialist für Insassenschutzsysteme in PKWs und verschwieg gegenüber seinen Kunden (in Deutschland u. a. BMW, Porsche und Daimler), dass sich einige Airbags während der Fahrt ohne konkreten Anlass ausgelöst hatten – mit vielfacher Todesfolge. Der Grund: Airbags funktionieren nach dem Prinzip geplanter „kleiner“ Explosionen Die hierfür notwendigen Sprengstoff-Plättchen aus Ammoniumnitrat sind sehr empfindlich und müssen unbedingt dauerhaft trocken gelagert werden. Aufgrund von Stromausfällen u. a. in einem mexikanischen Werk unterblieb dies. Die globale Autoindustrie hatte daraufhin die größte Rückrufaktion aller Zeiten zu bewältigen; allein Daimler musste in den folgenden Jahren über 7 Millionen Lastwagen, Vans und PKW zurückrufen. Im Januar 2017 einigten sich TAKATA und die US-Justizbehörden auf eine Strafzahlung in Höhe von umgerechnet etwa 940 Millionen Euro. Das Unternehmen gestand kriminelle Vergehen ein, gegen drei Manager wurde Strafanzeige gestellt. Noch 2017 meldete TAKATA Insolvenz an; lediglich eine mit der vollständigen Abwicklung des Unternehmens beschäftigte Stiftung existiert heute noch. Und die hat ordentlich zu tun: denn auch in den inzwischen nachgebesserten Airbags könnte noch ein Risiko schlummern – nächste Rückrufaktionen wahrscheinlich.

> Demütige Führer stehen eben nicht nur zu ihren Irrtümern, sondern haben häufig sogar spezielle Strategien zum bestmöglichen Lernen aus Fehlern für sich entwickelt.[126]

Sie benötigen somit nicht andere, um ihr Fehlverhalten aufzustöbern. Auf interpersonaler Ebene lässt diese Selbsterkenntnis bzw. Selbstoptimierung der Manager am Ende einen sensibleren und offeneren Führungsstil entstehen, bei dem weniger angeordnet und dafür mehr kooperativ-beteiligend beraten und zusammen mit den Mitarbeitern entschieden wird. Dass diese das auch zu schätzen wissen, belegt eine 2018 in der *Washington Post* veröffentlichte Studie eines kanadisch-koreanischen Forscherteams. Danach sind Angestellte, die ihren Chef eher als Partner denn als typischen Boss wahrnehmen, nicht nur am Arbeitsplatz glücklicher, sondern auch in ihrem Privatleben.[127]

Die Glücksforschung hat ermittelt, dass das Lebensglück der meisten Menschen einer U-förmigen Kurve gleicht. Das mittlere Lebensalter ist damit statistisch am unglücklichsten. „Hat das mit dem Job zu tun?“, fragten sich die Forscher. Sie fanden zwei Dinge heraus. Erstens: Tatsächlich fühlen sich die Middle-Ager beruflich am unglücklichsten. Die 40er-Jahre sind für die meisten eine Zeit des kompetitiven Stresses und der steigenden und zugleich widersprüchlichen Lebensanforderungen. Gleichzeitig sind in keinem anderen Alter die Ansprüche sowohl an die soziale Qualität des Arbeitsplatzes als auch an das eigene Wohlbefinden höher. Aber es gibt noch einen weiteren Faktor in dieser Beziehung – und das ist die Grundhaltung des unmittelbaren Vorgesetzten. Ist dieser ein Chef im traditionellen Sinne, ein *Supervisor-Boss* oder ein eher unterstützender *Partner-Boss*? Bei Beschäftigten eines partnerschaftlichen oder gar dienenden Bosses flacht sich die U-Kurve deutlich ab.

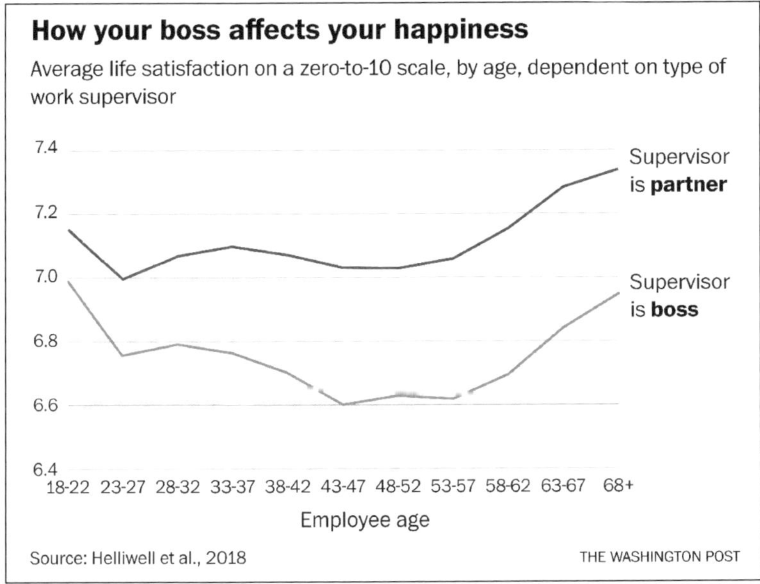

Lebenszufriedenheit nach Berufsalter bei einem Vorgesetzten als Boss bzw. bei einem Vorgesetzten als Partner (Quelle: Washington Post)

Einfacher gesagt:

> Ihr Vorgesetzter hat einen riesigen Effekt auf ihre Lebenszufriedenheit, jedenfalls mehr als den meisten von uns wohl bewusst ist.

Aber trösten Sie sich: Nach der genannten Studie nimmt das persönliche Wohlbefinden in den eigenen 50er-Jahren wieder deutlich zu. Das sieht man wohl manches gelassener und will auch nicht mehr auf Teufel komm raus Karriere machen. Bei mir ist das zumindest so. Ich habe ohnehin eine Schwäche für stille, unaufdringliche Menschen – sie können zuhören. Und statt selbst zu reden, stellen sie lieber Fragen.

Ein beeindruckender Leader

Dies trifft exemplarisch auch auf eine einstige Managementikone zu, die heute kaum noch jemand kennt. Ich rede von Darwin E. Smith. Als stiller und fast scheuer Hausjurist wurde er in den 1970er-Jahren völlig unerwartet zum Retter der heruntergekommenen Papierfabrik *Kimberly-Clark*. Diese war 1872 in Wisconsin von vier Unternehmern gegründet, aber nie richtig gut geführt oder gar erfolgreich geworden.1971 war *Kimberly-Clark* stark angeschlagenen und im unteren Drittel des Dow Jones verschwunden. Die Firma galt als klassischer Abstiegskandidat. Bis Darwin E. Smith kam und vollkommen unerwartet in zäher, am Ende zwanzigjähriger Arbeit die beeindruckende Wende schaffte. Und das trotz der ursprünglichen Ansicht seines Boards, ihm würden wesentliche Kompetenzen fehlen und trotz einer schweren Krebserkrankung, die ihn bereits zwei Monate nach Amtsantritt zu einer aufwendigen Strahlentherapie zwang. Smith informierte die Eigner und teilte ihnen mit: „Ich habe nicht vor, in nächster Zeit zu sterben". Er behielt sein gewohntes Arbeitspensum bei, pendelte zur Therapie zwischen Wisconsin und Houston hin und her und schaffte es – privat wie geschäftlich.

Der Turnaround von *Kimberly-Clark* ist eines der erstaunlichsten Firmencomebacks der amerikanischen Wirtschaftsgeschichte. In den Worten von Managementforscher Jim Collins brachte Smith das ihm anvertraute Unternehmen von „good to great". Am Ende seiner Amtszeit besaß *Kimberly-Clark* einen Marktwert, der viermal größer war als der von damaligen Spitzenunternehmen wie *Coca-Cola*, *General Electric* oder *3M*. Hauptrivale *Procter & Gamble* wurde in sechs von acht Produktkategorien geschlagen. Bei seinem Rückzug sagte Smith: „I never stopped trying to become qualified for the job".[128] Heute macht *Kimberly-Clark* etwa 20 Milliarden US-Dollar Umsatz im Jahr und ist immer noch eine Firma, die sehr erfolgreich papierbasierte Konsumartikel wie Kleenex-Tücher und andere Schönheits- und Hygieneprodukte herstellt.

Smith ist das, was Jim Collins einen *Level-5 Führer* nennt. Darunter versteht er Leader, die ein ganz besonderes Mindset besitzen: *nämlich persönliche Bescheidenheit mit einem starken persönlichen Willen vereinen* („a blend of humility and strong personal will"). Also etwas zurückhaltend, zugleich aber furchtlos sind, was zunächst etwas paradox klingt. Diese Personen sind durchaus ehrgeizig und ambitioniert, aber ihr primärer Fokus liegt eben auf dem Erfolg der Firma und nicht auf dem eigenen Fortkommen. Dieser Leadertyp ist durchaus zur Teilung seiner Macht bereit und stärkt bewusst auch den Einfluss leistungsstarker Mitarbeiter. Unternehmen mit solchen Führungskräften waren in der von Collins und seinen Mitarbeitern in den 2000er-Jahren analysierten Kohorte der *great firms* signifikant häufiger vertreten als in der Gruppe der lediglich „guten" Firmen. Und es kommt noch besser: Der Unternehmenserfolg war in dieser Kohorte auch wesentlich nachhaltiger und hielt zum Teil noch Jahrzehnte nach dem Ausscheiden des Spitzenmannes an. Im Mittelpunkt der weltweit beachteten Arbeiten von Collins steht am Ende also eine mit unserem Thema verwandte Frage: Welche Faktoren machen letztendlich den Unternehmenserfolg aus? Und warum sind einige Organisationen robuster bzw. krisenfester als andere?

Die anhaltend erfolgreichen Unternehmen sind letztlich nicht nur für ihre Kunden da, sondern auch für ihre Mitarbeiter. Das klingt wie eine Banalität, aber glauben Sie mir: Ich kenne viele Unternehmen, in denen das nicht so ist. Der zahlende Kunde wird mit Rabatten und Zusatzleistungen umgarnt (vor allem wenn es attraktive Wettbewerber in der Branche gibt), die eigenen Beschäftigten hingegen recht gleichgültig behandelt. Wir alle verbringen jedoch einen Großteil unseres Lebens – sagen wir: mindestens dreiviertel der Zeit, die uns vergönnt ist – in Organisationen wie Schulen, Unternehmen, Verwaltungen, Vereinen. Wir sollten daher mit besonderer Aufmerksamkeit dafür sorgen, dass die Menschen in unseren Institutionen glücklich sind.

So weit, so gut. Aber haben wir nicht noch etwas vergessen? Bislang hatten wir die Mitarbeitenden sowie die Unternehmensergebnisse im Fokus. Eine aufrichtige und bescheidene Grundeinstellung hilft aber auch den Vorgesetzten selbst! Die Management-Trainerin Franziska Frank, die 2020 eine Tiefenstudie mit 350 Mitarbeitern in Deutschland durchgeführt hat, liefert nicht nur den Nachweis, dass demütige Vorgesetzte bei uns Mangelware sind – magere 36 % der Befragten sahen bei ihren Führungskräften Demut –, sondern ermittelte auch, dass weder die Unternehmensgröße noch das Geschlecht der Mitarbeiter statistisch relevant ist für das Vorhandensein von Humble Leadern.[129] Sie ging darüber hinaus dezidiert der Frage nach, was Demut der Führungskraft selbst bringt. Die Antwort in Kurzform: mehr eigene Leistung (inkl. Kreativität), weniger Druck (klar, man muss dann nicht immer alles wissen und alles können und alles kontrollieren), ein besserer Umgang mit Stress, ein besseres Verständnis für die Befürchtungen und Erwartungen der Mitarbeiter sowie insgesamt eine deutlich höhere Beziehungsqualität.[130] Oder wie ein Studienteilnehmer es ausdrückte: „Es gelingt, mehr Mensch zu bleiben."

Wichtige Anschlussfragen

Interessant für die zukünftige Forschung wäre natürlich die Frage, ob *Demut auch über verschiedene Situationen hinweg funktional* ist oder ob es nicht auch Umstände gibt, in denen ein aufrichtiger und bescheidener Leader zu scheitern droht oder zumindest signifikante Nachteile erleidet. Bis jetzt haben wir ja nur die positiven Folgen dieser Führungshaltung betrachtet. Es mag aber durchaus auch Umstände geben, in denen z. B. überehrliche oder zu zurückhaltende Personen nicht für Beförderungen auserkoren werden oder bestimmte Bonuszahlungen nicht erhalten. Humble Leader führen ja eher aus dem Hintergrund, da ist man nicht immer sichtbar. Möglicherweise muss ein Führer in besonders zugespitzten Situationen aber auch Kompetenz oder Vertrauen vorspiegeln, um sein Team nicht zu beunruhigen. Oder, im Gegenteil, der Leader gibt sich bewusst unwissend, um seine Geführten zu eigener Aktivität zu inspirieren. Das kann z. B. bei einem transformationalen Führungsstil geboten sein. Ferner ist es denkbar, dass ein sehr leiser und vorsichtiger Vorgesetzter unsicher auf seine Umwelt wirkt. Wer in diesem Sinne „zu" demütig ist, gibt möglicherweise wichtige – aber vielleicht noch unbestätigte – Informationen zu spät weiter oder zögert zu lange mit einer Entscheidung. Nachgewiesen ist, dass beides u. a. die Teamkreativität beeinträchtigen kann.[131]

In diesem Sinne sind zwingend auch *interkulturelle Aspekte* zu beachten. Wie bereits erwähnt, ist Demut ein soziales Wahrnehmungsphänomen, sodass am Ende jeder und jede Einzelne für sich entscheiden muss, inwiefern er oder sie eine Person als demütig oder charismatisch wahrnimmt. Und auch für sich klären muss, welches Maß an Führungsunsicherheit toleriert wird. Hier sind interkulturelle Unterschiede offensichtlich.[132] Während kollektivistische Kulturen, wie z. B. die asiatische oder lateinamerikanische, eher ein zurückhaltendes, sich in die soziale Gemeinschaft einfügendes Verhalten erwarten, sind eher individualistische Kulturen, wie z. B. die US-amerikanische oder deutsche, deutlich weniger empfindlich bei lautstarken und dominanten Persönlichkeiten.

So wird der sich selbst als Großmaul titulierende Muhammad Ali in den USA immer noch mit seiner Selbstbeschreibung als „The Greatest" positiv wahrgenommen. Ich vermute, dass diese Einschätzung nicht in allen Kulturen geteilt wird. Dementsprechend dürften kollektivistische Kulturen einen tendenziell höheren Demutswert aufweisen (Japan!) als unsere westlichen, die eher kompetitiv sind und das im Wettbewerb erfolgreiche Individuum bewundern. Und Donald Trump, der seine beiden Wahlkampagnen auf seiner angeblichen Superiorität aufgebaut hatte, ist mit seinen besonders aggressiven Wahlkampfauftritten in der Schlussphase seiner ersten Kampagne auf den letzten Metern noch Präsident geworden – seine Widersacherin lag noch eine Woche vor dem Wahltermin bei den meisten Demoskopen vorn. Vier Jahre später wäre die Rechnung beinahe wieder aufgegangen. Dieselbe Superiorität hatte sich in den 1960er-Jahren der Kennedy-Clan zugeschrieben, nur war es hier eine behauptete Überlegenheit der eigenen Moral. Ich vermute: Kulturen, die in Kategorien des Kampfes denken, werden seltener demütig sein als kooperationsorientierte Gemeinschaften, die eher auf einen Ausgleich von Interessen setzen.

In ähnlicher Weise einzubeziehen wäre die Kulturvariable „Machtdistanz“. Hierunter versteht man den statusbezogenen Abstand zwischen Menschen, z. B. zwischen Reichen und Armen, Dorf- und Stadtbevölkerung oder aber eben auch zwischen Vorgesetzten und Geführten. Sie wissen sicherlich, dass im ostasiatischen Kulturkreis Kritik am Chef tabu ist. In Deutschland oder Spanien ist man da weit weniger zurückhaltend. Bei gesellschaftlich akzeptierter (großer) Machtdistanz könnte ein sehr zurückgenommener Leader durchaus einen Reputationsverlust erleiden und an Autorität verlieren. Gerade in osteuropäischen Ländern habe ich erlebt, dass Vorgesetzte, die ihre Mitarbeiter öfter um Rat fragten, als unsicher und für ihre Führungsrolle ungeeignet eingestuft wurden. In diesen Ländern bzw. Unternehmen bestehen in der Regel ausgesprochen hierarchische Strukturen. Diese neigen dazu, partizipative Beteiligung zu hemmen und die bestehenden Machtverhältnisse zu zementieren.

Demut und Charisma – ein Gegensatz?

Nicht wenige Menschen unterliegen dem Fehlschluss, dass zurückhaltende und stille Personen ein unterentwickeltes Selbstvertrauen besäßen und daher eher farblos seien. Echte „Macht-Haber“ sähen demnach irgendwie anders aus – ein fataler Trugschluss. Denn ein bescheidenes Naturell wird zwar gern mit Attributen wie schüchtern, scheu oder auch fügsam assoziiert, aber dies bedeutet nicht, dass Demut Schwachheit bedeuten muss oder dass Demut und Charisma sich zwingend ausschließen müssen. Denken Sie an Mahatma Ghandi oder den Jahrhundertviolinisten Yehudi Menuhin. Bei beiden entsteht ihre persönliche Strahlkraft erst aus ihrer bescheidenen, unaufdringlichen Art.

Natürlich passt der Begriff Charisma auf den ersten Blick eher in unser Kapitel über Narzissten. Weshalb? Weil das möglicherweise die Vorstufe des anderen ist.[133] Die enge Verwandtschaft zwischen Charisma und Narzissmus illustrieren populäre, ja bisweilen vergötterte Sport- oder Showstars wie Frank Sinatra, Robbie Williams, Muhammad Ali oder Cristiano Ronaldo. Sie zeigen uns anschaulich, wie eng persönliche Strahlkraft und Narzissmus miteinander verwoben sein können. Man kann es auch anders sagen: Ohne ein gewisses Maß an Eigenliebe wird es auch schwierig, die Zuneigung anderer Menschen zu gewinnen. In diesem Sinne dürfen, ja müssen Leader nicht nur über ein stabiles Selbstwertgefühl verfügen, sondern auch ein gewisses Esprit versprühen – jedenfalls wenn sie andere Menschen hinter sich und ihre Vorhaben bringen wollen.

Charisma selbst hat – ähnlich wie die Demut – wiederum einen religiösen Ursprung: *charis* ist griechisch und bedeutet Gnade. Charisma wäre also ein personengebundener Gnadenbeweis Gottes. Das heißt letztlich: etwas, was man sich nicht selbst erarbeiten kann, sondern quasi vom Schicksal geschenkt bekommt. Der deutsche Soziologe Max Weber (1864-1920) hat Charisma – mit Blick auf den damaligen Reichspräsidenten Paul von Hindenburg (1847-1934) – klug als „wirkliche oder vermeintliche außeralltägliche Qualität („Magie") eines Menschen bezeichnet. Diese Interpretation ist deshalb klug, weil sie das Adjektiv *vermeintlich* einstreut, d. h. Charisma muss gar kein übersubjektives Persönlichkeitsmerkmal sein (das also alle Mitmenschen gleichermaßen so wahrnehmen müssen), sondern es ist vielmehr der individuelle Eindruck eines ganz bestimmten Betrachters.

> Den Charismatikern unter den Führungskräften kommt dabei entgegen, dass sich viele Mitarbeiter in ihrem Vorgesetzten spiegeln möchten, nicht zuletzt, um ihr oft labiles Identitätsgefühl zu stärken und ihr Urvertrauen in die Fremdführung zu stabilisieren.[134]

Dieses Bedürfnis ist naturgemäß vor allem in politischen oder wirtschaftlichen Krisenzeiten groß, da hier in aller Regel neue Deutungsmuster erforderlich werden. Max Weber hat dies klar erkannt: In der Stunde der Gefahr, der Desorientierung oder anderer außergewöhnlicher Umstände wächst die Sehnsucht nach einem starken Mann – oder starken Frau. So ist Barack Obama nicht zufällig zum ersten farbigen Präsidenten der USA just in einer besonders schwierigen und unsicheren Zeit gewählt worden; sein Land war nicht nur in diverse Kriege im Nahen und Mittleren Osten verstrickt, sondern hatte auch mit den Turbulenzen der Weltwirtschaftskrise sowie diversen inneren Finanzskandalen zu kämpfen.

Für Weber ist Charisma weder pauschal positiv noch per se negativ, sondern zunächst einmal völlig wertfrei. Charisma wird vor allem in einer Krise gesucht und ist dann geeignet, der Mitwelt Orientierung und Stabilität zu verleihen. Dabei kommt es vor allem darauf an, wie eine Person von ihrem Umfeld bewertet wird; Weber nennt es: inwieweit sie „Wohlergehen für die Beherrschten" erzeugt. Die dafür erforderlichen Muster kann der Charismatiker – in seiner Rhetorik wie in seinem Verhalten – überzeugend vorbringen. Dafür braucht es eine starke innere Überzeugung: von sich selbst und seiner Mission. Charismatiker sehen sich daher als etwas Besonderes, z. T. gar als Menschen, die von der Vorsehung zu besonderen Taten ausersehen wurden. Wunderbar passend dazu der Ausspruch des damals erst knapp dreißigjährigen Winston Churchill: „*Wir sind alle Würmer. Aber ich glaube doch, dass ich ein Glühwürmchen bin.*" – Wow, so einen Satz muss man sich leisten können. Hier gilt es dann, besonders wachsam zu sein: Aus „geführten" werden hier nämlich schnell „verführte" Menschen.[135]

> Charismatische und demütiger Leader haben eines gemein: sie wirken auf ihre Umwelt als Rollenmodelle und führen in der Regel nicht über die Tonspur, sondern durch ihr persönliches Tun.

So lebte IKEA-Gründer Ingvar Kamprad seinen geschäftlichen Kardinalwert „Kostenbewusstsein" z. B. dadurch vor, dass er selbst, wo immer möglich, mit dem Zug statt mit dem Flugzeug zu Meetings reiste und zudem auf teure Hotels verzichtete.

Neben dem systematischen Vorleben von Werten und setzen charismatische wie demütige Leader auch sehr gezielt Symbole ein. Ein historisches Beispiel liefert Mahatma Ghandis berühmter Salzmarsch, mit dem er 1930 in Indien das uralte Salzmonopol der Briten brechen wollte. Indien als Krone der britischen Kolonien sollte unabhängig von seinem damaligen Mutterland werden – mental wie ökonomisch. Fazit: Demütige Leader können auf ihr Umfeld durchaus charismatisch wirken; müssen es aber nicht und sind in ihrem Wirkerfolg auch nicht darauf angewiesen.

Impact und Meaning: Führung muss Sinn liefern!

Gute Führungskräfte sehen ihre Mitarbeiter als interne Kunden, auf deren veränderte Erwartungen und Bedürfnisse professionell einzugehen ist. Das bezieht sich sowohl auf das gewachsene Sinn- und Autonomiestreben als auch auf ganz konkrete Fragen der Strategie- und Organisationsgestaltung. Meiner Meinung nach hat somit auch die klassischste aller Managerfunktionen ausgedient: das Motivieren von anderen. Wer in seiner Organisation immer wieder erst zu einer bestimmten Leistung materiell oder ideell animiert werden muss, wird entweder falsch eingesetzt oder ist für seinen Arbeitsplatz unbrauchbar. Die Beschäftigten von heute wollen nicht motiviert, sondern inspiriert werden. Mit Gemeinwohlorientierung, Anerkennung oder schlichtweg einem sinnvollen Tun, welches über das simple Erwerbsinteresse hinausreicht.

Auffällig ist, dass Mitarbeiter, die wenig Anerkennung durch ihren Vorgesetzten erfahren, besonders oft krank sind. Dies zeigen Studien, in denen ein unterstützender oder besonders wertschätzender Führungsstil das Depressions- und Burn-out-Risiko vermindert sowie arbeitsbedingte Fehlzeiten reduziert. Das unterstreicht nochmals die Schlüsselfunktion des unmittelbaren Vorgesetzten bei der Erkrankungsprävention (siehe Kapitel 2). Hierzu eine faszinierende Beobachtung aus den weltberühmten Hügeln von Hollywood:

> In biografischen Langzeitstudien zeigte sich, dass Oscar-Preisträger im Vergleich zu Schauspielern im selben Film, die den Oscar nicht gewonnen haben, im Durchschnitt vier Jahre (sic!) länger leben.[136]

Man kann dies zum einen durch die außerordentliche Wertschätzung erklären, die die Ausgezeichneten gerade in einer Branche erfahren, in der Spitzenleistung und Normalleistung kaum anhand klarer Kriterien voneinander zu unterscheiden sind. Zum anderen trägt aber auch der gigantische Statuszuwachs des Oscar-Preisträgers dazu bei, dass dieser sich vermutlich keine existenziellen Sorgen um seine Zukunft mehr zu machen braucht; er oder sie hat vielmehr beruflich wie materiell ausgesorgt. Darüber hinaus kann sich der Oscar-Preisträger in Zukunft selbst sein Arbeitsumfeld wählen, also eines, das seinen Bedürfnissen gemäß ist, z. B. seine Filmprojekte nach deren Thema und Botschaft auswählen oder auch nach dem Umfang, in dem umgängliche Kollegen oder einfühlsame Regisseure mitwirken. Fehlende Existenzsorgen und ein sinnstiftendes Arbeitsumfeld sind also nicht nur Gold, sondern echte Lebenszeit wert. Die Implikationen sind klar.

Letztlich geht es bei wahrer Leadership darum, einen Arbeitsraum zu kreieren, der für den einzelnen Mitarbeiter ein Mindestmaß an Sinn aufweist. Dabei lassen sich nach Jacob Morgan[137] vier verschiedene Begriffe unterscheiden, die man sorgsam auseinanderhalten sollte:

- Der *Job* („What you do"): Dieser Begriff bezeichnet die operativen Aktivitäten, die jeder und jede von uns am Arbeitsplatz zu erledigen hat, also Kunden beraten oder besuchen, Produkte entwickeln, Meetings vorbereiten usw.;
- *Purpose* („Intention"): Welche Absicht verfolgt man mit seinem beruflichen Tun? Dies beschreibt eher ein Potenzial, etwas, was man im Ideal erreichen könnte. Purpose ist die Brücke zwischen der faktischen Tätigkeit („job") und dem konkreten Einfluss, den man dabei letztlich auf Dritte hat;
- *Impact* („Real influence"): Welches Ergebnis produziert man tatsächlich? Wenn man z. B. einen Kunden aufklären oder einen Patienten heilen möchte (purpose), ihn dabei aber im Endeffekt eher verwirrt oder gar noch weiter schädigt, dann hat man ein Problem, eben einen negativen Impact;
- *Meaning* („Why you do it"): Warum mache ich das hier alles eigentlich? Zieht man aus seinem Tun eine innere Befriedigung, erlebt man hierdurch einen höheren Sinn? Naturgemäß ist „Meaning" eine sehr subjektive Größe und darin ganz anders als „Impact", der objektiver zu messen ist.

Besondere Beachtung erhält gegenwärtig der Begriff *Purpose;* man gewinnt fast den Eindruck, er verkörpert ein Wundermittel sowohl für steigende Umsätze und eine breit akzeptierte Unternehmenspolitik als auch gegen die zunehmenden Umweltprobleme oder wachsende Mitarbeiterbedenken. Denn natürlich handeln Unternehmen nicht in einem luftleeren Raum, in dem sie „nur" den Ansprüchen ihrer Aktionäre oder Kunden zu dienen haben. Nein, heute wird viel mehr von ihnen erwartet, müssen sie immer stärker zusätzliche Stakeholder in den Blick nehmen, um so auch ihrer gesellschaftlichen Verantwortung gerecht werden zu können. Zu diesem Kreis gehören natürlich auch ihre Angestellten.

> *Weshalb* Unternehmen existieren, wissen wir. Aber für wen sie existieren, wird gegenwärtig neu verhandelt.

Diese Frage betrifft das Selbstverständnis von Unternehmen und Führungskräften gleichermaßen. Kurz gesagt: Leader sollten den *Purpose* ihrer Mitarbeiter kennen und diesen eng mit ihrer Geschäftspolitik verbinden (oder es zumindest ernsthaft versuchen). Es geht darum, zu einer besseren Welt beizutragen. Dabei kann der Shareholder-Value wohl nicht das Maß aller Dinge sein.

Unglücklicherweise haben viele Organisationen eine ziemlich klare Vorstellung von dem, was sie tagtäglich tun, wissen aber nur wenig über ihren tatsächlichen Impact und noch weniger über das wirkliche Erleben ihrer Mitarbeiter. Die Topmanager kennen ihre Kunden, ihre Branche, ihre Wettbewerber, interessieren sich aber kaum für die Gefühlswelt oder das Sinnbedürfnis ihrer Beschäftigten. Wenn wir Jobs schaffen wollen, die für möglichst viele Mitarbeiter einen inneren Sinn besitzen, dann müssen wir genau auf die jeweilige Persönlichkeit eines Beschäftigten bzw. Teammitglieds schauen. Denn Arbeit ist nicht gleich Arbeit. Der eine möchte kreativ sein und als Softwareentwickler Neues in die Welt bringen, die andere möchte als Fluglotsin maximal zuverlässig sein und keine Fehler machen. Beide wählen verschiedene Berufe, um einen Sinn zu verspüren. Aber es gibt Unterschiede, z. B. im Grad der Steuerbarkeit des eigenen Tuns: ein Chirurg mit eigener Klinik und eine Kellnerin auf dem Oktoberfest – beide arbeiten. Aber der Chirurg hat jeden Tag die Chance, etwas Neues zu erleben und dazuzulernen; er erfährt Bestätigung durch wertvolle Leistung für Patienten und erlebt Kontrolle über seinen Arbeitstag. Anders die Kellnerin, die all das wohl entbehren muss; sie erfährt kaum einen höheren Sinn und auch nur einen geringen operativen Einfluss auf ihr Tun.

Der Sinn des Lebens (gesehen in München, 2013)

Eine Studie des kalifornischen Beratungsunternehmens *BetterUp* hat 2018 ergeben, dass Arbeitnehmer mehr produzieren, länger arbeiten, weniger Fehltage aufweisen, seltener kündigen und faktisch sogar auf Gehalt verzichten, wenn sie Bedeutung in ihrem beruflichen Tun sehen. Der *Meaning and Purpose at Work-Report* untersuchte die Einstellungen von 2.285 Berufstätigen von über 26 Branchen in den USA. Ergebnis: Neun von zehn Beschäftigten würden lieber auf Geld verzichten als auf Arbeitssinn. Im Durchschnitt waren diese (hypothetisch) bereit, zukünftig auf 23 % ihrer Bezüge zu verzichten, wenn sie dafür einen sinnerfüllteren Job bekämen. Die Studie hat ferner ergeben, dass Arbeitnehmer mit sinnhaltigen Arbeitsfeldern ihrem Arbeitgeber über sieben Monate länger treu blieben. In einer Unternehmenskultur gegenseitiger sozialer Unterstützung zeigte sich ein besonders starkes Verständnis für den Sinn des betrieblichen Tuns.[138]

> Offenbar können die in anonymen Großunternehmen vorhandenen Strukturen Mitarbeiter zwar zu Gehorsam nötigen, versagen in aller Regel aber dabei, ein besonderes Engagement oder gar ein nachhaltiges Wohlbefinden am Arbeitsplatz zu erzeugen.

Insbesondere der österreichische Psychiater und Begründer der sogenannten Logotherapie, *Viktor E. Frankl*, hat die persönliche Erfahrung von Sinn als zentralen Aspekt des Menscheins angesehen.[139] Frankl, der zur Zeit des Dritten Reichs in Österreich lebte und mehrere Konzentrationslager überstand, gehört mit Freud und Adler zu den drei großen Wiener Psychoanalytikern des 20. Jahrhunderts und ist insbesondere in den USA heute breit bekannt.

In seiner Logotherapie unterscheidet Frankl insgesamt drei Wertekategorien, die zugleich sinn-vermittelnd wirken können:
- Erlebniswerte,
- schöpferische Werte und
- Einstellungswerte.[140]

Was sich hinter Ersteren beiden verbirgt, lässt sich recht einfach aus den Bezeichnungen ableiten. So lassen sich Erlebniswerte durch Konzertbesuche, eine erfüllende Indien-Reise oder auch im Rahmen eines gemeinsamen Arbeitsprojektes verwirklichen. Einen sinnstiftenden Erlebniswert kann auch die Teilnahme an einer betrieblichen Jubiläumsfeier oder die befriedigende Inklusion in ein starkes Team darstellen. Bezeichnet jemand beispielsweise Ästhetik als einen bedeutsamen Wert in seinem Leben, so könnte eine entsprechende Verwirklichung dieses Erlebniswertes das Betrachten eines Kunstwerkes sein. Die gleiche Person könnte diesen Wert aber auch in Form einer schöpferischen Handlung verwirklichen, indem sie beispielsweise selbst ein Portrait zeichnet oder ein stilistisch interessantes Gebäude erbaut. Dies wäre dann ein schöpferischer Wert, der Sinn stiftet. Ein Beispiel für die Verwirklichung schöpferischer Werte im Unternehmenskontext wäre das Umsetzen einer eigenen Projektidee oder die Mitarbeit an der Entwicklung eines Neuprodukts.

Lassen sich in einer konkreten Situation aber weder Erlebnis- noch schöpferische Werte verwirklichen, dann bleibt nur noch die Möglichkeit, seine Einstellungswerte zu realisieren. Frankl hat das in seinem Leben am eigenen Leibe tun müssen. Wichtig war für ihn die Frage, wie man persönliches Leid deutet. Dabei hilft die Überlegung, wofür das Aushalten einer nicht veränderlichen Situation womöglich gut sein könnte. Wenn man also beispielsweise auf einen Kunden wartet, der ohne ersichtlichen Grund eine halbe Stunde Verspätung hat, so kann man sich ärgern und dafür eine Menge Energie aufbringen, doch wird sich die Situation dadurch nicht verändern. Ändern Sie aber Ihre innere Haltung dahingehend, dass Sie die Wartezeit als Chance verstehen, sich innerlich besser auf das anstehende Gespräch vorzubereiten oder auch nur in Ruhe noch einen Kaffee zu genießen, so sparen Sie nicht nur Energie, sondern verhindern auch einen erhöhten Blutdruck und jede Menge negativer Emotionen. Ganz nebenbei verschaffen Sie sich auch noch eine gute Ausgangsposition gegenüber dem Kunden.

Viktor Frankl ist zugleich ein Wegbereiter der *Positiven Psychologie*. Diese Schule beschäftigt sich weniger mit psychischen Einschränkungen als vielmehr mit der Frage nach den Faktoren, die unser alltägliches Leben erfüllter und glücklicher machen.[141] Die Positive Psychologie ruht auf drei Säulen:

- der Erforschung positiver *Emotionen*,
- der Aufdeckung positiver *Charaktereigenschaften* (z. B. Tugenden wie Demut und Bescheidenheit) sowie auf
- der Erforschung positiver *Institutionen* (z. B. demokratische Verfassungen, Organisationen oder gefestigte Familien).[142]

Die erste Säule verweist vor allem auf die Wichtigkeit der berühmten „inneren Einstellung“ eines Menschen. Dies wurde u. a. durch eine faszinierende Studie bestätigt, die der schon erwähnte US-amerikanische Mitbegründer der Positiven Psychologie, Martin Seligman, in seinem Buch „Der Glücksfaktor“ beschreibt. Die Studie bezieht sich auf das klösterliche Leben von Nonnen. Dazu muss man wissen: Ordensfrauen unterliegen in fast allen Teilen der Welt nahezu identischen Lebensbedingungen, sie nehmen zum Beispiel die gleiche einfache und gesunde Kost zu sich, konsumieren weder Tabak noch Alkohol und genießen als Angehörige derselben sozialen Schicht eine nahezu identische medizinische Versorgung. Auch ihr sozialer Status ist vergleichbar. Dennoch gibt es hinsichtlich der Gesundheit und Lebenserwartung von Nonnen erhebliche Unterschiede. Dies kann vor allem auf die unterschiedliche Lebensphilosophie der Nonnen zurückgeführt werden. Um diese zu erfassen, analysierte man über Jahre die kurzen Lebensläufe, die Novizinnen verfassen müssen, wenn sie ihr ewiges Gelübde ablegen. Dazu zwei direkt übernommene Textbeispiele:

Die Novizin Cecilia O’Payne aus Milwaukee schrieb 1932: „*Gott hat meinem Leben einen guten Anfang gegeben, in dem er mir seine unschätzbare Gnade schenkte. (…) Das vergangene Jahr, in dem ich als Kandidatin an der Universität Notre-Dame studierte, war sehr glücklich. Nun bin ich voll erwartungsvoller Freude, die Ordenstracht Unserer Lieben Frau anzulegen und ein Leben in göttlicher Liebe zu verbringen.*“

Im selben Jahr und in derselben Stadt legte Marguerite Donnelly dasselbe Gelübde ab, schrieb aber über sich: „*Ich wurde am 26. September 1909 geboren als ältestes von sieben Kindern, fünf Mädchen und zwei Jungen. Mein Noviziat habe ich im Mutterhaus verbracht und am Notre-Dame Institute Chemie sowie Latein im zweiten Jahr unterrichtet. Mit Gottes Gnade will ich das Beste für unseren Orden, für die Ausbreitung unseres Glaubens und für meine persönliche Heiligung tun.*

Beide Nonnen wurden gemeinsam mit 187 weiteren Ordensschwestern Mittelpunkt einer der bedeutendsten Studien über Glück und Langlebigkeit, die die Forschungsgeschichte kennt. Das Ergebnis, in Seligmans Worten: „Cecilia lebt noch; sie war nicht einen einzigen Tag ihres Lebens krank und ist inzwischen 98 Jahre alt. Marguerite erlitt bereits im Alter von 59 Jahren einen Schlaganfall und starb wenig später. Wir können sicher sein, dass weder ihr Lebenswandel, ihre Ernährung noch die medizinische Versorgung verantwortlich zu machen sind. Bei sorgfältigem Studium der Noviziatsaufsätze aller 180 Nonnen wurde ein erheblicher und überraschender Unterschied deutlich. (…) Schwester Cecilias Wortwahl – ‚sehr glücklich' und ‚erwartungsvolle Freude' – drücken überschäumende Fröhlichkeit aus. Schwester Marguerites Selbstbeschreibung enthielt hingegen nicht einmal den Hauch einer positiven Emotion. Als unabhängige Experten, die nicht wussten, wie lange die Ordensschwestern gelebt hatten, deren Lebensberichte sie nach ihrem Gehalt an positiven Emotionen vier Gruppen zuordneten, zeigte sich, dass aus der fröhlichsten Gruppe im Alter von 85 Jahren noch 90 % der Nonnen am Leben waren. Aus der am wenigsten positiven Gruppe jedoch nur 34 %. Das Alter von 94 Jahren erreichten in ersterer Gruppe immerhin noch 54 %, wohingegen es in letzterer Gruppe nur mehr 11 % waren."[143]

Martin Seligman zog daraus (unter Hinzuziehung weiterer Studien wie z. B. der sog. Veterans Affairs Normative Aging Study von 1986 oder einer langfristigen europäischen Untersuchung, die von 1996 bis 2002 lief) den Schluss, dass die entscheidende Größe für körperliche Gesundheit eher in der *Psyche* eines Menschen zu suchen ist: nämlich im Vorhandensein einer optimistisch-zuversichtlichen Weltsicht.

> Nicht die gewöhnlichen Risikofaktoren wie Blutdruck, Übergewicht oder Cholesterinspiegel sagten die Sterblichkeit der untersuchten Personengruppen voraus, sondern der jeweilige Optimismusgrad einer Person

sowie deren Überzeugung, dass das eigene Leben erfüllt ist und auch aus eigenen Kräften beeinflusst werden kann (sog. Kontrollüberzeugung).

Ich gehe auf diesen faszinierenden Gedanken im nächsten Abschnitt noch einmal ausführlich ein.

Auch die dritte Säule der Positiven Psychologie, die positiven *Institutionen* – also das Leben und Arbeiten in Organisationen –, ist ein Bewährungsfeld für bescheidene und leise Führer. Hier interessiert in erster Linie, welche konkreten ökonomischen Folgen es haben kann, wenn Arbeitnehmer sich in ihrem Unternehmen sicher fühlen und zufrieden sind. Dabei muss man sich zunächst klarmachen, in welchem Ausmaß die im ersten Kapitel dieses Buches skizzierten Veränderungen der weltweiten Arbeits- und Wirtschaftsweise letztlich ein vollkommen neues Verständnis von der Rolle eines Beschäftigten ausgeformt haben. Heute erzielt kaum ein Unternehmen mehr einen Vorteil dadurch, dass seine Mitglieder die Regeln einhalten; stattdessen sind Kreativität, Eigenverantwortung und Initiative gefragt. Zudem wird der soziale Zusammenhalt eines Teams immer wichtiger. Ein neues, dieser Entwicklung angepasstes Führungsverständnis muss gerade auch ein stiller Leader adressieren: er oder sie sollte durch sein besonderes Auftreten Sinn liefern. Sinnverwirklichung ist letzten Endes Werteverwirklichung.[144]

Trotz ihrer zahlreichen praktischen Anwendungsmöglichkeiten ist speziell die Logotherapie leider immer noch zu wenigen Führungskräften bekannt; der Begriff „Sinnerleben" wirkt auf den ersten Blick vielleicht auch etwas zu abstrakt. Dennoch ist seine Bedeutung im Unternehmensalltag unbestreitbar. Gleichzeitig ist es kaum möglich, allgemeingültige Aussagen darüber zu treffen, was für einen Menschen am Arbeitsplatz sinnvoll ist. Ein One-fits-all-Konzept kann es bei diesem Thema also nicht geben. Es bleibt dem Unternehmen bzw. seinen Führungskräften folglich nur, entweder ganz individualisierte Sinnangebote zu schaffen oder aber Maßnahmen zu ergreifen, die bei möglichst vielen Mitarbeitern das Sinnempfinden ansprechen. Denn letzten Endes bleibt es immer Aufgabe des Einzelnen, Sinn in seinem Tun zu entdecken. Oder frei nach Frankl: Es ist nicht das Leben, das dem Menschen Sinn zu vermitteln hat. Es ist der Mensch, der vom Leben her gefragt wird, in diesem einen Sinn zu entdecken.[145] Das ist ein bisschen wie Ostern: Die Eltern (ergo: die Lebensumstände) verstecken die Eier, aber das Kind (ergo: der einzelne Mensch) muss sie finden.

Auch hier hat der demütige Leader, der im Ideal in sich und seinen kardinalen Haltungen ruht, Vorteile. Denn wer keinen Sinn für sein eigenes Leben in sich spürt, der kann auch anderen keinen Sinn vermitteln. Auch Zurückhaltung hindert viele Menschen daran, anderen ihre subjektiven Empfindungen mitzuteilen. Ein demütiger Leader lebt das, was ihn bewegt und was ihm persönlich wichtig ist, hingegen vor. Er fungiert – gewollt oder ungewollt – als wandelndes Rollenvorbild. Ganz so, wie der Gründer des Benediktiner-Ordens, Benedikt von Nursia, es im zweiten Kapitel seiner Klosterregeln („Regula") formuliert hat: „Der Abt zeigt mehr durch sein Beispiel als durch Worte, was gut und heilig ist".[146]

Welche Folgen das über den rein geschäftlichen Zugewinn hinaus haben kann, möchte ich Ihnen jetzt im letzten Abschnitt dieses Kapitels verdeutlichen.

Wie Mitarbeiter unter demütigen Chefs aufblühen

Bislang haben wir vor allem die ökonomischen Vorteile eines still-bescheidenen Führungsstils betrachtet: ein höheres berufliches Engagement, ein offenerer Austausch persönlicher Meinungen und Erfahrungen, mehr Kreativität, verursacht u. a. durch das Vertrauen und die psychologische Sicherheit, die ein „Partner-Boss" schafft, oder auch eine signifikant niedrigere Kündigungsrate. Neben diesen materiellen Vorzügen erzeugen demütige Leader aber auch soziale und ideelle Zugewinne. Diese wollen wir bei aller BWL nicht übersehen, schließlich handelt es sich bei den Organisationsmitgliedern zuvorderst um *Menschen* – und nicht um blanke Funktionsträger.

Ich hatte Sie schon auf Martin Seligman und seine Glücksforschung im Rahmen der Positiven Psychologie hingewiesen. Seligman hat diesen Ansatz inzwischen weiterentwickelt und hebt nun stärker auf das *Wohlbefinden* („well-being") eines Menschen ab. „Glück" wird als subjektive Kategorie etwas zurückgestuft und ist jetzt ein zentraler Teil der grundsätzlicheren Zielgröße „Wohlbefinden". Warum auch nicht? Glück führt zweifelsohne zu Wohlbefinden und andersherum. Wer glücklich ist, der antwortet auf die Frage „Was würden Sie ändern in Ihrem Leben, wenn Sie könnten?" – „Nichts!

In seinem lesenswerten Buch *Flourish. Wie Menschen aufblühen* nennt Seligman als objektiv messbare Bestandteile dieses erweiterten Well-being-Konzepts:

- ein positives Gefühl (inkl. eben das Empfinden von Glück und Lebenszufriedenheit),
- Engagement,
- Beziehungen,
- Sinn und
- Zielerreichung.[147]

Das alles passt doch nicht nur auf unser privates Leben, sondern ebenso sehr auch auf unser berufliches, oder? Würden wir im Job denn freiwillig Beziehungen suchen, die uns negative Gefühle oder Sinnlosigkeit vermitteln? Die uns oberflächlich und nutzenorientiert erscheinen oder keinen Erfolg bringen? Wahrscheinlich nicht. Solche Beziehungen möchte man weder im Privaten noch am Arbeitsplatz erleben. Im Umkehrschluss ist nach der in etwa gleichlaufenden Theorie des *Authentischen Glücks* von Felicia Huppert und Timothy So das zentrale Ziel aller Positiven Psychologie das Aufblühen von Menschen. (Dies entspricht im Geiste der Oberzielgröße „Wohlbefinden" bei Seligman.) Fragt man Christopher Peters, ein weiterer Vater der Positiven Psychologie, worum es in dieser gehe, dann erhält man zur Antwort: „um andere Menschen".[148]

In diesem Sinn besitzt „Flourish", das Aufblühen von Menschen, eine direkte Anschlussfähigkeit an unsere demütige Führung. Denn diese verkörpert ja eine dezidiert dienende Haltung. Dass anderen Menschen zu dienen, ihnen dabei zu helfen, sich zu verwirklichen, ihre persönlichen Grenzen zu sprengen, ja tiefe Erfüllung in ihrem Tun zu erleben, eine zutiefst sinnvolle Erfahrung für jeden Menschen ist – gleich ob als Mutter, Südpolforscher oder Führungskraft –, hat insbesondere Viktor Frankl eindrucksvoll herausgearbeitet. Wie erwähnt hat Frankl seine Sinntheorie als Insasse mehrerer deutsch-österreichischer Vernichtungslager entfaltet. Hier verschrieb er sein ganzes Tun dem alleinigen Ziel, seinen Leidensgenossen beizustehen und ihren Überlebenswillen zu stärken. Kurz: Sich selbst existenziell zurückzunehmen und primär seinen Mithäftlingen zu dienen. Dieses Ziel hat diesen beeindruckenden Menschen jeden Tag neu mit Energie und Durchhaltekraft, einem Lebenssinn, versorgt.[149]

Demütigen Führern ist diese Haltung nicht neu, wenn sie auch in unseren Zeiten nicht mehr auf so dramatische Weise eingefordert wird. Bescheidene Leader können sich am Arbeitsplatz zurücknehmen – ihnen liegt die Mäßigung sozusagen im Blut; das Scheinwerferlicht suchen sie nicht. So können sie auch ihre Mitarbeiter glänzen lassen und haben kein Problem damit, Führungserfolge als Teamerfolge zu präsentieren. In diesem Rahmen können die Anvertrauten wachsen: sie wissen eine starke Schulter an ihrer Seite und gewinnen hierdurch mehr und mehr an Selbstsicherheit. Was genau aber bedeutet „Flourishing? Damit man von einem Menschen sagen kann, dass er aufblüht, muss er in der folgenden Übersicht aufgeführten Kerneigenschaften aufweisen – und dazu noch wenigstens drei der sechs zusätzlichen Eigenschaften.[150]

Kerneigenschafften	Zusätzliche Eigenschaften
• Positive Gefühle • Engagement, Interesse • Sinn, Bedeutung im Leben	• Selbstachtung • Optimismus • Resilienz • Vitalität • Selbstbestimmtheit • Positive Beziehungen

Grundeigenschaften aufblühender Personen

In einer Befragung wurde in den 2000er-Jahren ermittelt, dass demnach Dänemark die erfüllteste Bevölkerung aufweist – denn hier blühte immerhin ein Drittel der Befragten auf. Russland dagegen belegt mit 6 % der Bevölkerung den letzten Platz.

Wir könnten daraufhin in unseren Behörden, Ämtern und Unternehmen u. a. deren Führungs- und Sozialpolitik überprüfen. Was geben wir für fachliche Weiterbildung aus, was für die kulturelle Erziehung oder spirituelle Inspiration unserer Belegschaften? Götz Werner, der Gründer und Inhaber der Drogeriemarktkette *dm*, schickt seine Auszubildenden in Lesezirkel und Theateraufführungen. Oder bietet ihnen vergünstigte Bildungsreisen an. In Frankls Theorie wären das sinnstiftende „Erlebniswerte". Ein „Erlebnis" in diesem Sinne könnte aber auch die Begegnung mit einem ganz besonderen Menschen sein, die Erfahrung echter und tiefer Gefühle, wie z. B. echter Wertschätzung, oder auch die unterstützende Supervision eines verständnisvollen Vorgesetzten. Wieso sollten solche Emotionen nur im Privatleben möglich sein?

Unternehmen sind hochfunktionale Systeme, die positive Ergebnisse produzieren sollen. Aber sie sind auch – und das ist beileibe keine neue Erkenntnis – soziale Gemeinschaften, in denen Menschen eng zusammenkommen; oft archaischen Stammeskulturen ähnlich.

Mein Großvater betrieb in den 1950er-Jahren in Lübeck ein kleines Hotel, direkt an der Trave hinter dem Holstentor. Er ist in seinen späteren Jahren immer wieder in Gedanken hierhin zurückgekommen; erzählt hat er nie von Umsätzen, Bettenbelegungsquoten oder Personalkosten. Erzählt hat er von den Menschen, denen er in dieser Zeit begegnet ist: den anspruchsvollen Gästen aus Hamburg, den schwer arbeitenden Fischverkäufern, den kleinen Gästejungs, die sich stundenlang die Nase am Aquarium im Speiseraum plattdrückten oder auch den kroatischen Servicekräften, die sich nach dem Krieg hier ein Exil gesucht hatten und häufig an Lungenkrankheiten starben, weil sie das kühl-neblige Klima in Lübeck nicht gut vertrugen.[151] Es waren immer die *Menschen*, die den Stoff seiner Erzählungen geliefert haben.

Nicht wenige Organisationen, die ich näher kenne, kranken an einem *Mangel positiver Ressourcen*. Es fehlen Emotionen, innere Überzeugung, Sinn. Organisationssoziologen unterscheiden häufig zwischen Job, Karriere und Berufung. Den Job macht man, um Geld für die nötigen und unnötigen Güter des Lebens zu verdienen. Fließt woanders mehr Geld, wechselt man; fließt kein Geld mehr, hört man auf zu arbeiten. Karriere macht man, um mehr Geld zu verdienen und/oder um hierarchisch aufzusteigen und sich selbst damit zu bestätigen. Einer Berufung geht man um ihrer selbst willen nach; man würde die Arbeit notfalls auch ohne Beförderungsaussicht oder notfalls sogar ohne Bezahlung tun. Die „Ärzte ohne Grenzen“ fallen mir hier spontan ein. Wie wäre es, wenn unsere Leader sich an diesem Leitbild orientierten, d. h. sich selbst zurücknähmen und sich auf ihren Dienst an den Untergebenen konzentrierten? Und das würden wiederum deren nächsthöhere Vorgesetzte auch tun – bis hin zum Unternehmenseigner. Was für eine Organisation würde dann entstehen?

4 Lässt sich Demut lernen?

Let us be a little humble.
Let us think that the truth may
not be entirely with us.

– Jawaharlal Nehru

In diesem Kapitel untersuchen wir, welche Umstände eine demütige Haltung auch bei den Menschen entstehen lassen, die bislang in ihrem Leben alles andere als bescheiden und leise waren. Wir fragen auch, welche Rolle die Geführten bei toxischer Führung spielen – haben sie gar einen eigenen Anteil daran? Schließlich präzisieren wir die Kennzeichen und Bedingungen einer Demuts-Kultur im Unternehmen.

Born or made: Was kann das Unternehmen tun?

Einige Leser werden vielleicht denken: „Alles schön und gut, echte Demut macht sich klein und ist bescheiden. Aber ich persönlich bin leider nicht so. Ich habe andere Stärken. Was Hänschen nicht lernt, lernt Hans nimmermehr. Was nun?" Nun ja, wir alle haben unseren eigenen Charakter, aber wir alle kennen auch das berühmte 3L – das life-long learning. Und die eigene Identität ist über unsere verschiedenen Lebensstadien hinweg keineswegs in Stein gemeißelt.

Wie schon gesagt: Demut ist ein kardinaler Trait, der das gesamte Sein eines Menschen prägt. Dies gilt auch für anverwandte deutsche Vokabeln wie Hochmut, Schwermut, Großmut, Übermut oder Langmut. Woher der persönliche Grundzug der Demut kommt, ist wahrscheinlich genauso schwer zu erklären wie die Frage, wie man Demut korrekt messen kann. Dies ist vermutlich auch der Grund, weshalb diese Tugend in unzähligen Führungsratgebern so gut wie nicht auftaucht. Inwieweit sich eine persönliche (oder gar kollektive) Demut absichtsvoll entwickeln lässt, ist somit eine komplizierte Frage.[152] Management-Ikonen wie Henry Mintzberg betonen an dieser Stelle gern die Verantwortung von Schulen und Führungsakademien: „If the business schools were really doing their job, were truly creating leaders, their graduates would be known für their humility, not their arrogance. Certainly, they would graduate with an acute appreciation of *what they don't know*. Instead, we hear from a recent graduate of Harvard Business School about a professor who told her class that in the future we would be among those who set the rules."[153]

Ich denke, die Entwicklung eines ethischen Denkens setzt, ganz ähnlich wie der Trait Narzissmus, viel früher, schon in der jungen Kindheit an. Mutter Theresa soll bereits als Zwölfjährige die Absicht geäußert haben, den Ärmsten auf der Welt zu helfen. Auf die Frage ihres älteren Bruders, der damals bereits in der albanischen Armee diente, warum sie dies nicht auch tue, hat sie nach eigener Aussage geantwortet: „Ich diene in der Armee des Herrn." Kindergärten und tertiäre Bildungseinrichtungen können natürlich auch auf die gesellschaftliche Orientierung zukünftiger Manager ausstrahlen, aber im Grunde halte ich einen Menschen in den frühen Jahren für formbarer. Erziehung und die spätere Enkulturation durch Freunde, vielleicht auch Filme oder Bücher, die einen beeindruckt haben, spielen eine große Rolle. Vielleicht ergänzend auch das Staunen an der Natur – viele Urvölker bezogen hieraus, aus ihrer Verbundenheit mit ihrem natürlichen Lebensraum und seinen Wundern, ein Großteil ihrer Identität.

Demut lehrt aber auch das Leben selbst, z. B. durch einen moralisch geprägten Mentor oder einschneidende persönliche Erlebnisse. Man liest in der Forschung dazu u. a. vom frühen Tod der Eltern oder Geschwister. Ein beeindruckendes Beispiel dafür, wie schmerzliche Kindheitstraumata Moral und Anstand in einem Menschen reifen lassen, liefert Konosuke Matsushita, der in seiner beispielhaften Karriere als Gründer und Leiter eines bis heute führenden Weltkonzerns der Elektroindustrie beeindruckend Bescheidenheit, Achtung vor anderen und, ja, auch Demut vorgelebt hat. Seine idealistisch-humanitäre Orientierung hat den Geist vieler japanischer Großkonzerne mitgeprägt. Der folgende Abschnitt erzählt seine beeindruckende Geschichte.

Ein Vorbild an Demut: Konosuke Matsushita

Die Unternehmen und Konzerne unserer Tage sehen sich vielfältigsten Anforderungen gegenüber: Den sich schnell wandelnden Kundenwünschen müssen sie ebenso entsprechen wie einer zunehmend fordernden Unternehmensumwelt, die sich als Geldgeber, Staat oder allgemeine Öffentlichkeit immer stärker in die Unternehmenspolitik einzumischen versucht. In der Folge entstehen nicht nur neue Produkte und Technologien, sondern auch veränderte soziale Umgangsformen in den Unternehmen. In einem solchen, sich ständig verändernden Kontext wird die Fähigkeit eines Unternehmens, sich gezielt kulturell zu verändern, zu einer Schlüsselkompetenz. Es gilt eine tragfähige ethische Grundlage für das Wirtschaften zu entwickeln.

Diese (über das rein Ökonomische hinausweisenden) Aufgaben sah mit Konosuke Matsushita bereits ein Mann voraus, der am 27. November 1894 in einem kleinen, etwa 60 Kilometer von Osaka entfernt liegenden Bauerndorf als das jüngste von acht Geschwistern geboren wurde. Sein Vater Masakusu, zu dem er Zeit seines Lebens ein gespaltenes Verhältnis hatte, war ein strebsamer und einflussreicher Landwirt, der sich allerdings an der aufkommenden Tokioter Warenborse derart verspekuliert hatte, dass die materielle Basis seiner Familie nur wenig später zusammenbrach. Eine Folge davon war, dass sein jüngster Sohn Konosuke im Alter von neun Jahren als Hilfsarbeiter nach Osaka geschickt wurde, wo er in einem Zementwerk 16 Stunden täglich arbeiten musste. Osaka war damals die fünftgrößte Stadt der Erde und ein wichtiges Handelszentrum.

Einige seiner Geschwister überlebten diese Zeit der Not nicht. Überhaupt war das Glück dieser japanischen Familie nicht hold: Als Matsushita sein Unternehmen *Matsushita Electric Industries* (*MEI*) 1917 gründete – Henry Ford machte damals gerade die ersten Erfahrungen mit seiner Fließbandproduktion –, waren beide Elternteile und fünf seiner Geschwister bereits tot.

Am Anfang verlief der Absatz schleppend. Die Wende kam, als *MEI* von einer anderen Firma mit der Herstellung von Isolierplatten beauftragt wurde. Die Firma expandierte fortan stetig und produzierte u. a. erfolgreich Batterien und Fahrradlampen. 1922 erfüllte sich Konosuke einen langjährigen Traum: Er eröffnete seine erste eigene Fabrik, in der 30 Mitarbeiter Platz fanden. Von nun an brachte *MEI* fast monatlich ein bis zwei neue Produkte auf den Markt. Einen besonderen Erfolg verbuchte Matsushita mit dem von ihm erdachten „Gewindedoppelstecker" – damit konnte die Zahl der Stromanschlüsse in den damals sehr spärlich ausgestatteten Häusern beträchtlich erhöht werden.

Zum Vergleich: Die Toyoda-Familie startete mit einer Million Yen Anfangskapital in das Autogeschäft (*Toyota* hatte vorher mechanische Webstühle produziert); Matsushitas Unternehmen hingegen bestand aus ganzen vier Mitarbeitern. Einer davon war seine Frau Mumeno. Sie war eine Schwester von Iue Toshio, dem späteren Gründer des Elektronikriesen *Sanyo* – den *MEI* im Dezember 2009 übernahm. Keiner der Mitarbeiter und auch Matsushita selbst hatte eine höhere Schulbildung oder gar Erfahrung in Unternehmensführung. Als „Fabrik" diente das kleine, gemietete Wohnhaus der Familie.

Konosuke Matsushita war 27 Jahre alt, als mit Iwa auch seine letzte Schwester verstarb. Er hatte letztlich eine wohl einzigartige persönliche Tragödie durchlebt, musste nicht nur die Geborgenheit seiner Heimat aufgeben, sondern war auch der letzte Überlebende einer ursprünglich zehnköpfigen Familie. Im Alter von vier Jahren war seine Familie in die Armut geschlittert, und schließlich verlor er – schon als erfolgreicher Geschäftsmann – auch noch seinen Sohn. Die Erfahrung, daran nicht zerbrochen und vielleicht sogar *vom Schicksal besonders erwählt* zu sein, hat Konosuke Matsushita laut seiner Lebenserinnerungen tief geprägt.

Heute hält *MEI*, zu der die bekannten Marken *Panasonic*, *JVC* und *Technics* gehören, über 80.000 Patente. Produziert wird fast die komplette Bandbreite der Konsumelektronik: von Fernsehern und HiFi-Anlagen über Kühlschränke bis zu Waschmaschinen, aber auch Industrieprodukte wie Kopierer, Halbleiter, Batterien, Roboter und Gesundheitstechnik. Bei all dem war Matsushita auch eine leitbildkonforme Anleitung des Personals wichtig: an Grundwerte gebundenes, ethisch orientiertes Handeln war für ihn elementar und kein Widerspruch zum Gewinnziel seines Unternehmens. In zahlreichen Radiovorträgen, Schriften und Kursen seiner eigenen Managementschule (*Matsushita Institute of Government and Management – MIGM*) warb er für diese Sichtweise. Der Schlüssel zum Erfolg waren für ihn vor allem die Energie und die Leistungsfähigkeit seiner Beschäftigten. Im Laufe der Jahre ermutigte er Hunderte von Mitarbeitern, sich zu Erfindern, Managern und Unternehmern weiterzuentwickeln.

Mit knapp 40 Jahren veröffentlichte er seine Führungsprinzipien: Dienst an der Öffentlichkeit, Gerechtigkeit und Ehrlichkeit, Teamwork, unermüdliches Bemühen um Verbesserungen und demütige Bescheidenheit. Vier Jahre später fügte er noch die Wahrung der Rechte der Natur und Dankbarkeit für empfangene Segnungen hinzu (1933). 1973 trat er in den Ruhestand.

Als Konosuke Matsushita am 27. April 1989 im Alter von 94 Jahren starb, hinterließ er nach einem halben Jahrhundert unermüdlicher Arbeit ein Unternehmen, das bis heute zu den schlagkräftigsten Industriegiganten der Welt zählt. Sein Name steht für eine Geisteshaltung, die auch in schwierigen Zeiten soziale und ökonomische Bestrebungen miteinander verband. Die Reihe tragischer Ereignisse in seiner engsten Umgebung hat ihn nicht hart, sondern milde gemacht. Aus diesen Erfahrungen entwickelte er seine Ziele und Überzeugungen: „Wachstum ein ganzes Leben lang – als Mensch und Führungspersönlichkeit".[154]

Bei Matsushita war es die innere Auseinandersetzung mit einem schweren Schicksal, beim schon erwähnten Hotelchef und Buchautor Bodo Janssen ganz ähnlich: der unerwartete Unfalltod seines Vaters in Kombination mit einer spirituellen Schulung beim Benediktinerpater und Management-Coach Anselm Grün.[155]

In anderen Fällen ist es eine Nahtoderfahrung, die zur Umkehr und einem demütigen Leben geführt hat. Der Apostelfürst Paulus wandelte sich gemäß Neuem Testament durch die plötzliche Ansprache Gottes von einem besessenen Christenverfolger zu einem gottesfürchtigen und demütigen Menschen. Aus Saulus wurde nicht nur Paulus, sondern sogar ein sehr bescheidener Mensch, der sich zeit seines Lebens in einer inferioren Rolle gegenüber den unmittelbaren Jüngern Jesu sah. Und der spätere Kirchenreformer Martin Luther wurde erst durch einen Fast-Blitzschlag bei einer Feldwanderung „erweckt" und trat daraufhin ins Erfurter Augustinerkloster ein. Er hatte sich damit bewusst einem armen Bettelorden angeschlossen, der radikal persönlichen Besitz ablehnte und ständige innere Reinigung (sprich körperliche Züchtigung) forderte. Wem das alles zu geistlich ist, der kann auf die Kraft guter Vorbilder in der Unternehmenspraxis bauen. Ich glaube jedenfalls nicht daran, dass man mit einem demütigen Herzen geboren wird. Es sind wohl tatsächlich eher frühe persönliche Eindrücke und Gedanken. Oder persönliche Vorbilder, die mit der Zeit die eigene Wahrnehmung und Identität verändern. Wie bei jeder anderen Tugend auch, ist das Demütig-*werden* also im Regelfall ein längerer Prozess, der zudem viel Selbstüberwindung und Selbstkontrolle verlangt.

Ich glaube insofern nicht daran, dass man zu einem Leader geboren wird. Die Forschung weiß hier viel weniger als man denkt. Es ist z. B. nicht einmal klar, ob Charisma wirklich zu Führungserfolg führt – oder umgekehrt sogar eher ein besonderer Führungserfolg erst Charisma erzeugt. Eher bin ich mir sicher, dass man die zu einer effektiven Anleitung anderer Menschen erforderlichen Fähigkeiten durchaus mit der Zeit erlernen kann – wenn man denn den Willen und die ehrliche Bereitschaft dazu hat. Und natürlich tun sich insbesondere diejenigen schwer mit einer inneren Wandlung, die bislang im Leben oder Unternehmen Erfolg hatten und Schritt für Schritt aufgestiegen sind. Warum sollten die denn etwas ändern? Wieso sich mäßigen?

Dass es offenbar schon in der Steinzeit Probleme mit Hochmut gab, habe ich einem klugen Buch des englischen Anthropologen James Suzman entnommen. In seinem Kapitel über die Frühmenschen kann man erfahren, dass am erjagten und anschließend zu verteilenden Beutefleisch stets außergewöhnliche Emotionen hingen. Damit wuchs den erfolgreichen Jägern im Stamm eine ganz zentrale Rolle zu. Diese war allerdings ambivalent: man war entweder eifersüchtig auf diese Jäger, beneidete sie oder betrachtete sie als Superstars und Idole. Auch das noch heute existierende Naturvolk der Ju/'Hoansi in der afrikanischen Kalahari-Wüste bewegt die Sorge, einzelne Jäger könnten zu viel politisches oder gesellschaftliches Kapital ansammeln, wenn ihnen immer wieder die Rolle des Fleischverteilers zufiele. Ein besonders redegewandter Mann sagte dem Anthropologen Richard Lee: „Wenn ein junger Mann viel Fleisch erlegt, kommt er in Versuchung, sich als Häuptling oder großer Mann zu fühlen, und sieht uns Übrige als seine Diener oder Untergebene an. *Das können wir nicht akzeptieren. Deshalb stellen wir sein Fleisch immer als wertlos dar.* Auf diese Weise kühlen wir sein Herz herunter und lehren ihn Sanftmut". Die Ju/'Hoansi haben zudem noch einen besonderen Trick parat, um die Stellung exponierter Jäger zu unterminieren: Sie bestimmen nicht den Jäger, sondern den Besitzer des Pfeils, der das Tier tödlich getroffen hatte, zum rechtmäßigen Eigentümer der Beute.[156]

Es ist am Ende das Verhaftetsein in alten Denkmustern, die Managern den Wandel erschwert, Denkmuster wie

- „auf der Karriereleiter bedeutet Stillstand Rückschritt",
- „am Ende kann nur einer das Sagen haben",
- „man muss das Gras wachsen hören und ständig auf der Hut sein",
- „man sollte für Wettbewerber und Angestellte möglichst unberechenbar sein",
- „wenn *ich* das Projekt nicht wuppe, dann warten hinter mir schon 'zig andere auf ihre Chance",
- „die Wertigkeit einer Person für die Firma zeigt sich am Gehaltsscheck" oder
- „das Leben ist nun einmal Kampf".

Neurologisch jedenfalls sind wir nicht auf einmal gefasste Meinungen oder eine nun fix ausgebildete Persönlichkeit festgelegt. Der Begriff „Neuroplastizität" beschreibt anschaulich die prinzipiell immerwährende Möglichkeit, neue Denk-, Gefühls-, und Verhaltensmuster zu etablieren. Wir Menschen können unsere Nervenzellen auch im Alter noch neu ordnen oder anders miteinander verknüpfen – es ist möglich. Wir sind keine Reiz-Reaktionsautomaten. Und wir sind auch nicht die Gefangenen unseres bisherigen Lebens. Am Ende scheinen die inneren Bilder und geistigen Einstellungen wichtiger zu sein als die Erbanlagen.[157] Die Zukunft ist offen![158]

In diesem Sinne haben wir an unserem Institut ein Online-Training zur eigenen, persönlichen Demutsausprägung entwickelt. Es besteht aus drei Sitzungen, in denen man seine eigenen Stärken und Schwächen bilanzieren kann oder auch seine persönlichen Eigenheiten und Beziehungen reflektiert. Unser Konzept basiert auf der „Expressed

Humilty“ von Owens und Kollegen (vgl. Kapitel 3) und kann innerhalb weniger Tage absolviert werden. Auf Anfrage gebe ich zu unserem Training gern weitere Informationen sowie einen Internet-Link.

> Wir brauchen aber letztlich nicht nur einzelne Humble Leader, sondern im Idealfall eine demütige Organisation.

Folgende Maßnahmen können hierfür hilfreich zu sein:

- *Beispielgebende Führung:* Konosuke Matsushita soll sich in einem Restaurant einmal beim Koch entschuldigt haben, weil er dessen Gericht nicht aufgegessen hatte. Er versicherte diesem, dies hätte nicht am Essen gelegen; er, Matsushita, wolle nicht, dass sich der Koch gekränkt fühle. Und Mary Kay Ash, die Chefin und Gründerin von *Mary Kay Inc.*, sagte angeblich eine Einladung ins Weiße Haus ab, weil sie vorher bereits ihre Teilnahme an einem externen Trainingsworkshop zugesagt hatte. Respekt vor jedermann lautet hier wohl die Botschaft.
- *Explizite Einbeziehung von Humility in die Unternehmenskommunikation*: Hierzu gehört u. a. die öffentliche Zurückweisung arroganten Verhaltens bei eigenen Mitarbeitern oder die Einbeziehung sämtlicher Angestellter in wichtige Newsletter. Überhaupt sind Sprache und Auftreten der Manager oft vielsagend: Bei egozentrischen Chefs fanden sich in systematisch ausgewerteten Geschäftsberichten von US-Konzernen nicht nur außergewöhnlich viele kriegerische Metaphern, sondern auch größere und häufigere Einzelfotos des jeweiligen CEO.
- *Explizite Berücksichtigung von Humility in den Beförderungskriterien*: Dies ist u. a. deshalb wichtig, weil bescheidene und stille Manager sich deutlich stärker auf ihre Aufgaben konzentrieren als auf ihre interne Selbstvermarktung. Dies könnte zu einem Nachteil im Rennen um Top-Positionen führen. Die Unternehmen sind also gut beraten, besonders aufmerksam nach ihren stillen Stars zu suchen und überdominantes Verhalten bei den Lautsprechern nicht mit Führungskraft zu verwechseln. Ich kenne ein mittelständisches Unternehmen, das niemanden befördert, der nicht zuvor bereits einen Auszubildenden qualifiziert oder beraten hat.
- *Explizite Beachtung von Humility bereits bei der Einstellungspolitik*: Natürlich ist es schwierig, Stellenbewerber an diesem Punkt zutreffend einzuschätzen. Hilfreich ist es in der Praxis, die Urteils-

bildung bei einem Bewerber nicht nur den Einstellungsexperten zu überlassen, sondern auch Personen zu befragen, die ebenfalls bereits Kontakt mit dem Bewerber hatten: Sekretärinnen, Mitbewerber, Fahrer, Assistenten etc. Gegenüber diesen Personen verstellt sich ein Bewerber naturgemäß seltener.

Fast alle Menschen haben ein natürliches Empfinden von Selbstwert und streben zugleich auch stetig nach Erhöhung oder wenigstens Festigung ihres Selbstwertes. Das ist normal, gilt aber ganz besonders für Personen in Führungsverantwortung. Insofern ist Demut schon eine mysteriöse und auf den ersten Blick gegen die menschliche Natur gerichtete Tugend. Denn warum sollte jemand, der groß, wichtig und bedeutend ist, sich in seinem persönlichen oder gar beruflichen Leben niedrig und klein machen? Ein solches Verhalten widerstrebt auf den ersten Blick der menschlichen Natur. Letztlich haben wir alle einen gewissen Geltungswillen in uns, müssen diese Regungen aber bändigen und am Ende in produktive Kooperation überführen können. Man muss nur damit anfangen und nicht auf andere warten. Ganz so, wie es uns Ghandi riet: „Sei Du selbst die Veränderung, die Du wünscht für diese Welt“.

Selbsttest: Wie demütig sind Sie?

Natürlich möchten Sie gern wissen, wie viel Demut in Ihnen ist. Dazu habe ich einen kleinen Selbsttest entwickelt, der Ihnen helfen kann, hierüber mehr in Erfahrung zu bringen. Sie wissen natürlich, welches auf die jetzt folgenden Fragen die „richtigen“ Antworten wären. Hier spielt in Ihrem Hinterkopf sofort wieder das eigene Selbstbild sowie die gesellschaftliche Erwartung, d.h. der Wunsch nach Normenentsprechung hinein. Für eine ehrliche Antwort hilft es Ihnen vielleicht, sich zu sagen, dass Sie ja niemanden Ihre Antworten zeigen müssen; Sie müssen sie nicht in einen Umschlag tun und im HR-Büro abgeben. Sie müssen sie nicht mal mit Ihren engsten Freunden oder Ihrem Lebenspartner austauschen. Nein, diese Antworten sind ganz allein für Ihre Augen bestimmt. Sie können sich selbst gegenüber also vollkommen ehrlich sein – diesen Test machen Sie ganz für sich allein!

Setzen Sie sich nun zuhause in Ihre Lieblingsecke. Bitte antworten Sie nicht zu schnell.

22 Fragen zur Selbstreflexion

- Haben Sie ein Problem damit, von unterstellten Personen Ratschläge anzunehmen?
- Sind Sie neidisch auf die Erfolge, die andere erzielen?
- Würden Sie Ihre Arbeit ebenso gut tun, wenn niemand von Ihren tatsächlichen Leistungen erfahren würde?
- Geben Sie gelegentlich anderen die Schuld für Ihre Fehler?
- Würde es Sie stören, wenn Sie eine Beförderung bekämen, die eigentlich jemand anderes verdient hätte?
- Schätzen Sie die Menschen in Ihrer Umgebung danach ein, was diese für Sie tun könnten?
- Loben oder kritisieren Sie mehr?
- Ist es Ihnen wichtig zu wissen, wer die Produkte Ihres Unternehmens kauft?
- Sind Sie sicher, dass Sie noch nie etwas mit nach Hause genommen haben, was eigentlich Ihrer Firma gehört?
- Wie sehr haben Sie bei Ihren ersten Bewerbungen auf die Branche Ihres möglichen Arbeitgebers geachtet? Würden Sie jetzt mehr darauf achten?
- Würden Sie in einer Teambesprechung auf eine Äußerung verzichten, mit der Sie zwar recht hätten, aber möglicherweise ein anderes Teammitglied bloßstellen könnten?
- „Es kann auch zu viel Toleranz in einer Abteilung geben, sodass Minderleister möglicherweise ungestraft ihre Fehler kaschieren können." Stimmen Sie zu?
- Sind Sie ein Meister in der Kunst der Täuschung? Möchten Sie gern einer sein?
- Zeigen Sie manchmal Gefühle oder Emotionen, die Sie im Inneren eigentlich gar nicht empfinden?
- Wie sehr würde es Sie freuen, wenn Sie einen größeren Dienstwagen bekämen?
- Können Sie sich vorstellen, dass manche Kollegen zögern, Ihnen ihre wahre Meinung über Sie zu sagen?
- Es ist gar nicht so selten, dass Sie auf Ihre E-Mails ablehnende oder gar feindselige Antworten erhalten. Stimmen Sie zu?
- „Gegenüber meinen Untergebenen verhalte ich mich letztlich genauso wie gegenüber meinen Vorgesetzten." Stimmen Sie zu?
- Haben Sie schon einmal so gedacht: „Mit ein bisschen weniger moralischem Tamtam könnte meine Firma sicherlich noch größere Gewinne machen"?

- Ihre Witze oder Andeutungen können manchmal ganz schön verletzend sein (was aber nichts daran ändert, dass sie recht haben). Wahr oder falsch?
- „Man kann auch zu viel Vertrauen haben." Richtig?
- Wer sind Ihre Ratgeber?

Ich liefere Ihnen hier keinen Test der Art, wie sie in bekannten Lifestyle-Magazinen auftauchen, nach dem Motto: Wenn ich soundso viel Punkte habe, dann bin ich demütig und wenn ich nur soundso viele Punkte habe, dann … Darum geht es hier nicht. Hier geht es einzig und allein um Ihre ehrliche Selbsteinschätzung. Nur für Sie selbst. Wie lautet Ihr Fazit? Haben Sie Demut – also den Mut zu *dienen*?

Good Leadership: Es kommt auch auf die Geführten an!

Der schon vorgestellte Philosoph Bertrand Russell leitet in seiner Schrift *Macht* das Kapitel „Führer und Geführte" wie folgt ein: „Der Trieb zur Macht hat zwei Formen: eine direkte in den Führern, eine davon abgeleitete in den Anhängern. Wenn Menschen einem Führer bereitwillig folgen, so tun sie das im Hinblick auf die Aneignung von Macht durch die Gruppe, die er befehligt, und sie fühlen, dass sein Triumph der ihre ist. Die meisten Menschen fühlen nicht in sich selbst die notwendige Fähigkeit, ihre Gruppe zum Sieg zu führen, und suchen daher nach einem Befehlshaber, der den Mut und die Umsicht zu besitzen scheint, die zur Erreichung der Überlegenheit erforderlich scheinen."[159] Zur Bad Leadership gehört also spiegelbildlich die Bad Followership.

Man könnte im Umkehrschluss demnach ebenfalls fragen: Inwiefern braucht es auch bei den „einfachen" Unternehmensangehörigen eine gesunde Wertebasis? Destruktive Führung im Sinne der dunklen Triade hat viele Gesichter; destruktive Gefolgschaft aber offenbar auch. Oder in Frageform: „Wenn aber einzelne sich bereichern können, korrupt waren, unfähig waren, das Unternehmen in den Ruin geführt haben – wo sind dann die anderen, die im Unternehmen und außerhalb des Unternehmens für die Kontrolle verantwortlich waren? Sieht man die Sache so, dann kommen die Ja-Sager, Hofschranzen und Seilschaften in den Blick, ohne die die Great Men nicht zu denken sind, eben der ganze ‚Apparat', der Informationen erzeugt und streut, der Verbindungen herstellt und kappt, der Expertentum strategisch nutzt. Alle Skandale provozieren die stets gleiche Frage: Wie konnte das passieren?"[160]

Wieso schließen sich Mitarbeiter einem schlechten Vorbild an? Ist es Führungssehnsucht? Gibt es einen Nachahmereffekt im Sinne der Beobachtung des bereits in Kapitel 2 aufgetretenen Psychoanalytikers Manfred Kets de Vries: „But once a narcissist gets into a position of leadership, funny things start to happen (...) employees start to project their own grandiose fantasies onto the narcissistic leader. And suddenly everything becomes surreal."[161]

Wenn die Moral aller Mitglieder einer Organisation letztlich die Gesamtethik einer Organisation ergäbe, dann wäre dieser Effekt fast selbstzerstörerisch.

> Wie ethisch das Management der Zukunft ist, hängt also auch von den Geführten ab.

Ganz wesentlich sogar – Führung ist immerhin eine interaktive soziale Beziehung. Zu recht weisen meine Kollegen Thomas Kuhn und Jürgen Weibler deshalb eindringlich darauf hin, dass eine ethische Führung spiegelbildlich einer *Ethik der Geführten* bedarf.[162] Schauen wir uns diese Seite der Medaille also einmal genauer an.

Die Literatur hält hierzu einige Typisierungen parat. Sie unterscheidet z. B. die Motive und Machtsensibilitäten, die die Follower zum Mitmachen oder Erdulden bewegen.[163] Der sog. *Geführtentypus F* neigt demzufolge zum Konformismus und verharrt im Status des fügsamen Abhängigen. Er hat eigentlich kein echtes Handlungsinteresse und vor allem Furcht vor der Autorität beziehungsweise Bestrafungsmacht des Leaders. Er ist ein passiver Dulder. In den berühmten Experimenten des US-Forschers Stanley Milgram, die in den 1960er-Jahren an der Yale-Universität stattfanden, wurde das anhand einer beeindruckenden Versuchsanordnung bewiesen. Es wurden Versuchsteilnehmer gesucht, die dann entweder in die Rolle des „Lehrers " oder in die des „Schülers" eingewiesen wurden. Die „Lehrer" wurden angewiesen, lernschwache „Schüler" bei Falschantworten mit Stromschlägen bestrafen. Die Schüler sollten verschiedene Wortpaare auswendig lernen und bei der Nennung des ersten Begriffes (z. B.

„Wind") den dazu vorgesehenen Gegenbegriff (z. B. „stark") nennen. Bei einem Fehler sollte dem jeweiligen Probanden vom Lehrer zur Strafe ein kleiner Stromschlag verabreicht werden. Die Lehrer sollten auf diese Weise, so wurde von der Versuchsleitung zumindest behauptet, die Anstrengungsbereitschaft der Schüler erhöhen und waren natürlich nicht eingeweiht: Sie wussten nicht, dass die ganze Apparatur nur eine leere Kulisse war.

Mit zunehmender Fehlerquote des Schülers sollte dieser Bestrafungsstromschlag nun sukzessive ansteigen – bis am Ende ein tödlicher Stromschlag von 450 Volt gestanden hätte! Die meisten Lehrer brachen das Experiment folglich irgendwann ab. Das war der entscheidende Punkt des Experiments: Anhand der jeweils maximal vom „Lehrer" verabreichten Voltstärke der Strafe konnte Milgram also dessen jeweilige Folgebereitschaft erfassen. Ein genialer Messansatz, oder? Die jeweilige Folgebereitschaft wurde übrigens allein schon dadurch höher, dass die Versuchsleiter einen Kittel trugen oder die Versuchsbedingungen systematisch variierten, z. B. den Schüler in einen nicht einsehbaren Nachbarraum setzten. Das Ziel dieses Experiments wurde natürlich verheimlicht und den Teilnehmern stattdessen als Gedächtnisexperiment verkauft: „Steigern Strafen die Anstrengungsbereitschaft und das Gedächtnis eines Menschen?" war der offizielle Arbeitstitel des Experiments. [164]

Mitten in der Zeit der amerikanischen Verstrickung in den Vietnam-Krieg schlug Milgrams Pioniertat natürlich hohe Wellen. Der normale Soldat als eiskalter Sadist? Als Sklave von Autoritäten? Milgram wurde u. a. bezichtigt, bewusst Sadisten für sein Experiment verpflichtet zu haben. Das konnte er aber anhand seiner publizierten Suchannonce und des randomisierten Auswahlverfahrens schlüssig widerlegen. Milgrams lapidare Schlussfolgerung lautete: „Ein beachtlicher Teil der Bevölkerung tut, was ihr zu tun befohlen wird." Übrigens: Die französische Wissenschaftlerin Emilie Caspar, die sich ebenfalls der Psychologie des Gehorsams widmet (und u. a. den Völkermord im ostafrikanischen Ruanda genauer untersucht hat), hat dieses Experiment 2019 in einem anderen Setting wiederholt. Raten Sie mal, was herausgekommen ist … [165]

Sie denken hoffentlich nicht, dass wir das inzwischen vollständig überwunden hätten; in unserer heutigen Gesellschaft gibt es immer noch viele Menschen, die das Selber-Denken durch Fremd-Denken ersetzen und schlichtweg, sei es aus Bequemlichkeit, Dummheit oder Eigeninteresse, auch offensichtlich unsinnige oder gar unethische Vorschriften befolgen. Dies trifft auch auf den *Geführtentypus B* zu – „B“ steht hier für Belohnung. Dieser wird sogar aktiv zum konspirierenden Mittäter – denn er möchte im Unternehmen schließlich noch etwas „werden“. Insofern existiert ein weiterer Treiber von Gefolgschaft, den man den „Unterwürfigkeits-Aspekt“ nennen könnte. Denn wer auch immer über den Zugang zu den Exekutivmitteln der Macht verfügt, übt letztlich eine natürliche Anziehungskraft auf Leute aus, die seinen Einfluss teilen und es sich in seinem Schatten gutgehen lassen wollen. Somit herrscht beiderseitiger Egoismus. Geführtentypus B bewundert (oder beneidet) den charismatischen Anführer und projiziert seine ureigensten Sehnsüchte auf ihn.

Der Charismatiker im Chefsessel kann offenkundig erst durch diesen Mitarbeitertyp seine Talente voll entfalten.[166] Sein großes Plus ist dabei der unausgesprochene Spiegelungswunsch vieler Mitarbeiter; denn jeder Leader ist zugleich eine Projektionsfläche: „So wäre ich auch gern!“ In eigentlich allen Organisationstypen neigen nicht wenige Beschäftigte zur Passivität oder zum „Mitschwimmen“ und bevorzugen daher einen omnipotenten Leader, der sie mit Überzeugungskraft auf den rechten Weg führt. Vor allem narzisstische und machiavellistische Vorgesetzte nehmen diesen Wunsch gern auf bzw. setzen diesem wenig bis nichts entgegen. Oder erzeugen sogar bewusst einen starken Konformitätsdruck.[167]

Humble Leader tun hingegen das Gegenteil: Sie nehmen sich zurück und führen bestenfalls aus dem Hintergrund. Sie befähigen, inspirieren und ermuntern die ihnen anvertrauten Menschen. Sie erschaffen *True Leadership*, ein Modell, das am besten wohl der amerikanische Managementautor Simon Sinek skizziert hat: *„Es gibt Vorgesetzte und solche, die führen. Vorgesetzte besitzen eine Position von Macht oder Einfluss. Diejenigen, die wirklich führen, inspirieren uns. Ob Einzelpersonen oder Organisationen: wir folgen denen, die wahrhaft führen. Nicht weil wir müssen, sondern weil wir wollen*“. [168]

Gleichzeitig bleibt aber doch jeder Leader der Versuchung der Maßlosigkeit ausgesetzt, denn der Mensch neigt nicht gerade zur Selbstbeschränkung. Dies wäre dann wieder eine Frage der inneren Einstellung und persönlichen Disziplin.

> Wer wäre denn nicht lieber bedeutend als unbedeutend für den Organisationserfolg?

Verlangen wir hier also nicht zu viel von einem Menschen? Frei nach dem deutschen Dichter Johann Hebbel: Man sei lieber ein eckiges Etwas als ein rundes Nichts. Und sind nicht auch Sie der Meinung, wer etwas gelten will, der muss auffallen? Bescheidenheit ist eine Zier, doch weiter kommt man ohne ihr?

Ein Humble Leader dürfte das nicht so sehen – und sieht es auch nicht so. Er reduziert sich. Er ermuntert, aber gibt nicht vor. Er ist demütig im Erfolg und selbstkritisch im Misserfolg. Und vor allem: Er ist maßvoll. Er kennt den Satz des griechischen Philosophen Epikur, der einmal seine Schüler mahnte: *Nichts genügt demjenigen, dem das, was genügt, zu wenig ist.* Ohne konsequente Anpassung der betrieblichen Anreizsysteme wäre dies einzufordern allerdings etwas blauäugig. Solang in rein quantitativen Größen wie Marktanteilen und Umsatzsteigerungen gedacht wird, solang für schlichtes „Mehr" auch mehr Gehalt gezahlt und mehr Status gewährt wird, dürfte sich kaum jemand gegen eine derartige Besserstellung entscheiden.

In diese Richtung argumentiert auch die Führungsforscherin Barbara Kellerman, die einen destruktiven Führungsansatz vor allem als Ausdruck einer rein egoistischen Interessenverfolgung des Führenden unter Duldung zumindest einiger Geführter sieht. Dementsprechend dominieren dann auch eher Manipulation und Rhetorik als echte Überzeugung oder Appelle an die Selbstverpflichtung der Geführten. Hier bestünde die Musterlösung dann in einer besseren Aufklärung und Ermutigung der Beschäftigten: Ermächtige Dich selbst! Informiere Dich selbst! Sei aufmerksam! Konfrontiere den Bad Leader! Finde Verbündete![169] Dies gelingt allerdings nur in einem klassischen Unternehmensverbund; bei den sozial isolierten, digitalen Crowd-Arbeitern ist das fast unmöglich. Einen typischen Kollegenkreis, in dem man sich austauschen oder auch wechselseitig trösten und wieder aufbauen kann, gibt es hier nicht mehr. Die Firmengemeinschaft ist zerfallen.

Thomas Kuhn und Jürgen Weibler haben auf der Basis von Thoroughgood und Kollegen[170] die etwas simple Differenzierung in Geführtentypus F und Geführtentypus B zu nun immerhin fünf Typen von Geführten verfeinert:

- Die **Gehorsamen**: Sie folgen einer Autorität, auch wenn sie diese als böse erkennen.
- Die **Verlorenen**: Sie folgen dem Führenden, da sie Führung (häufig aus schwachem inneren Selbstbild) brauchen.

- Die **Ängstlichen**: Sie folgen aus schlichter Furcht vor Bestrafung oder materiellen Sanktionen.
- Die **Gläubigen**: Sie folgen aufgrund einer (meist ideologisch eingefärbten) Idee, von der sie angetan bis beseelt sind.
- Die **Kalkulierenden**: Diese folgen, weil es ihnen schlichtweg für die eigene Karriere oder das eigene materielle Fortkommen nützlich erscheint.

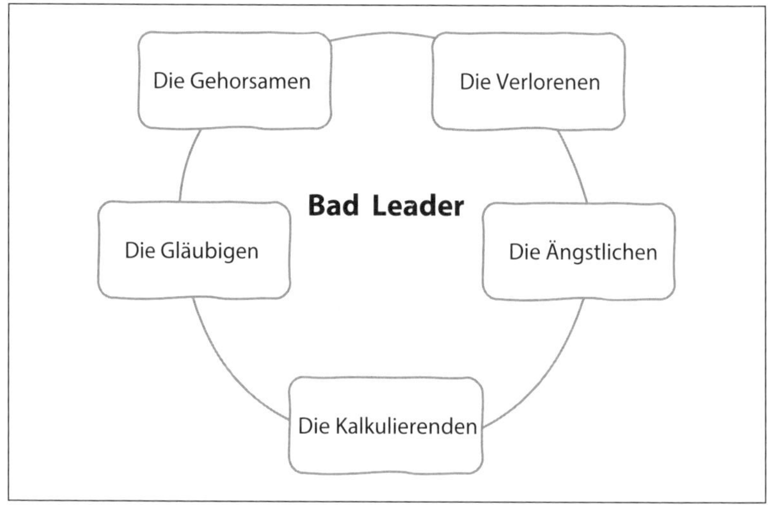

Der Zirkel der anfälligen Geführten[171]

So ganz dürfen wir die Geführten also nicht aus ihrer Mitverantwortung für unmoralisches Organisationshandeln entlassen. Denn Kritiklosigkeit im Denken und Passivität im Handeln können am Ende unabsehbare Folgen für Unternehmen wie Mitarbeiter haben. Schauen wir daher lieber auf eine andere Unternehmenskultur.

Demut als Quelle einer neuen Unternehmenskultur

Die Demut einer Organisation ist ein echter Wettbewerbsvorteil; das Fehlen von Demut ein gefährlicher Nachteil. Dies gilt umso mehr in unseren zunehmend ethisch und emotional aufgeladenen westlichen Gesellschaften mit ihrer Forderung nach Quoten, Standards und richtigem Benimm. Egozentrische Unternehmen mögen durchaus erfolgreich sein; demütige Unternehmen aber haben auf Strecke den längeren Atem. Kluge Manager wissen das und stellen sich immer wieder diese Frage: Wie können wir unseren Erfolg perpetuieren? Wir transportieren wir unsere DNA in die Zukunft?

In diesem Sinne sind Humble Leader ständig auf dem Weg – einem endlosen und holprigen Weg. Sie sind konstruktive Zweifler. Sie bemühen sich um die eigene Vervollkommnung (wenn sie diese vermutlich auch nie erreichen), streben nach gehaltvollen zwischenmenschlichen Beziehungen auf der Basis von Vertrauen, gegenseitiger Akzeptanz und Selbstverpflichtung. Sie wissen: Je mehr persönliche Bindungen entstehen, umso intensiver wird die Loyalität zueinander. Im Ideal wird so aus Vorgesetzten und Untergebenen eine harmonisch agierende, d.h. nicht nur fachlich, sondern auch sozial aufeinander angewiesene Gruppe. In diesem Fall verschieben sich die technischen Kompetenzen des Vorgesetzten mehr und mehr zu den sozialen Kompetenzen, und die reine Rationalität des betrieblichen Geschehens kann hinter Emotionalität zurücktreten.

Inzwischen haben wir auch gesehen, welche vielfältigen Positiveffekte von einem solchen Ethos ausgehen: Anstand, Loyalität, Zusammengehörigkeitsgefühl, Identifikation, Kreativität und wechselseitiges Lernen, verbesserte Informationssuche, Rücksichtnahme, Wissensweitergabe und Innovation – und vor allem Vertrauensbildung. „Trust“ ist überhaupt *die* Voraussetzung wertschätzend-bescheidener Führung. Auch in diesem Sinn setzt gute Führung Leitplanken.

Aber ein Humble Leader allein genügt nicht, wenn die Kultur eines Teams oder einer ganzen Organisation dem entgegensteht. Der österreich-amerikanische Managementguru Peter Drucker hat die überragende Bedeutung der Unternehmenskultur einmal so formuliert: „Culture eats strategy for breakfast“. Die Organisations- bzw. Unternehmenskultur ist die Summe allen Tuns und Denkens und beschreibt das kollektive Fühlen und Handeln der Menschen in einem Unternehmen. Und damit letzten Endes die tatsächlich in ihm gelebten Werte und Normen. Man könnte insofern auch von der „Software“ der Organisation sprechen.

> Wir müssen daher von einer bescheidenen und ehrlichen Führung zu einer bescheidenen und ehrlichen Organisation kommen.

Nur dann können Demut und Anstand nachhaltig in das Verhalten der Mitglieder eindringen.

Die wichtigste Kraft bei der Prägung einer Unternehmenskultur sind die *Führungskräfte*. Von ihnen schauen sich die Mitarbeiter am meisten ab. Der Standpunkt eines Vorgesetzten muss deshalb klar sein. Wer ständig seine Einschätzungen wechselt oder seine Werte situationsgerecht anpasst, der wird kein Vertrauen aufbauen können. Man muss sich immer vor Augen halten: Nur der kleinste Teil des Regelungssets in Organisationen ist formal niedergeschrieben. Anders gesagt: Ein Großteil der Regelungen und internen Erwartungen einer Organisation existiert nur in den Köpfen der Mitarbeiter – und entwickelt sich dort auch ständig fort. Ein Beispiel ist eben die spezifische Kultur eines Unternehmens – die deutschen Hidden Champions als der breiten Öffentlichkeit meist unbekannte Weltmarktführer können ein Lied hiervon singen. Ihre spezifische Kultur basiert auf fachlicher Exzellenz, Fokussierung und starker Identifikation mit dem Arbeitgeber. Letzten Endes lautet die Schlüsselfrage: Machen gute Führer ihre Kultur oder macht die vorherrschende Kultur ihre Führer?

Natürlich hat auch Humble Leadership viel damit zu tun, dass man zentrale Werte und Normen in seiner Arbeitsgruppe setzt – mithin eine bestimmte Kultur prägt. Tatsächlich zeichnen sich viele Innovatoren und Disruptoren ihrer Branche (z. B. Mark Zuckerberg oder Elon Musk) dadurch aus, dass sie ohne Rücksicht auf die bestehenden Werte und Normen ihrer eigenen Organisation einen vollkommen neuen Kulturansatz verordnet haben. Andererseits sind Wirtschaftszeitungen und Managementbücher heute voll von Portraits angeblicher „Great Leader“, die nicht nur die von ihnen vorgefundene Arbeitskultur verändert, sondern sie angeblich sogar völlig neu erschaffen haben. Dies zeigt nicht selten ein naiv-heroisierendes Verständnis der Führung von „oben“. Denn natürlich gilt auch die umgekehrte Wirkungsrichtung: Manager, die ihrerseits durch die für ihre Organisation, Branche oder Landeskultur typischen Werte geformt wurden. Und schließlich werden unsere Topmanager in aufwendigen Personaleinstellungsrunden ja auch auf ihre gute Passung mit der jeweiligen Unternehmenskultur hin ausgewählt.

Wie im vorangegangenen Abschnitt gezeigt, sind destruktive Organisationsergebnisse aber nicht allein Resultat einer destruktiven Führung, sondern können ebenfalls auch das Ergebnis leichtgläubiger, fügsamer oder sogar korrupter Geführter sein.[172] Diese wiederum leben nicht selten in einer angstauslösenden Umgebung oder sind selbst ich-zentriert und geltungssüchtig. Umso interessanter erscheint gegen Ende unserer Reise eine Idee der Harvard-Professorin Amy Edmondson. Sie arbeitet und schreibt seit vielen Jahren über das Thema einer *angstfreien Organisation*.[173] Zentral hierbei ist das von ihr entwickelte Konzept der *psychologischen Sicherheit*, welches als fehlendes Puzzleteil am Ende wunderbar in unsere Reflexion über Demut passt. Denn eine demütige Organisation ist eine angstfreie Organisation – eine Gemeinschaft, in der zumindest keine übergroße Versagensangst aufgebaut wird. Und natürlich schlägt sich ein emphatischer und rücksichtvoller Führungsstil auf das psychologische Sicherheitsempfinden der Mitarbeiter positiv nieder. Eine verständnisvolle Führungskraft ist eben in der Lage, Angst, übertriebenen Druck und Stressempfinden bei den Mitarbeitern zu reduzieren. Denn diese haben – gerade bei teambasierter Projektarbeit – selbstverständlich eine besondere Furcht davor, sich zu blamieren oder in den Augen ihrer Kollegen oder gar Vorgesetzten schlecht dazustehen.[174]

Ein bereits 2015 durchgeführtes Forschungsprojekt des Multikonzerns Alphabet (damals noch Google) bestätigt das. Im sog. „*Projekt Aristoteles*“ ließ man zwei Jahre lang 180 hauseigene Arbeitsgruppen beobachten; dabei wurden über 250 sog. Teamlevel-Variablen einbezogen – von der Teamzusammensetzung über die wesentlichen Teamprozesse bis hin zur Teamentwicklung. Fast alle Google-Teams hatten äußerst engagierte und hochbegabte Mitglieder. Den Unterschied aber machten die Teams, die ureigene konstruktive Gruppennormen ausgebildet hatten: die, mit anderen Worten, eine spezielle Form von Neugier, sozialer Empathie und Fairness entwickelten. Die effektiven Teams hatten bei *Google* insgesamt fünf Grundelemente gemeinsam. Die entscheidende Leistungsdifferenz entstand jedoch nicht durch die Anzahl der mitarbeitenden Genies, sondern durch ebendieses Klima des gegenseitigen Vertrauens und Unterstützens, das im Endergebnis für alle Gruppenmitglieder eine besondere emotionale Sicherheit schuf. Diese Variable stellte sich als der zentrale Erfolgsfaktor heraus, der im Weiteren auch positive Folgen für die Kreativität der gefundenen Teamlösungen hatte.[175]

Dennoch ist und bleibt ein vollkommen angstfreier Arbeitsplatz, wie ihn Amy Edmondson in ihrem Buch beschreibt, wahrscheinlich eine Wunschvorstellung – zumindest für die Mehrzahl der Arbeitnehmer. Gleichwohl gibt es nach meinem Dafürhalten immer mehr Unternehmen, die sich gezielt um die Erhöhung der „psychological safety" ihrer Anvertrauten bemühen.

Nach dem amerikanischen Leadership-Autor und Unternehmensgründer Timothy Clark erreicht man dadurch einen Zustand, in der eine Person …

- sich einbezogen fühlt,
- ohne Scheu lernen möchte,
- willens ist, bei neuen Projekten mitzuwirken, und
- aus eigener Überzeugung bereit ist, ggf. auch den Status quo herauszufordern.[176]

Zu einer solchen Haltung tragen laut Edmondson drei Bausteine bei:

- demütige Führer etablieren eine „Kritik-Kultur" (auch für sich!),
- demütige Führer reagieren nicht feindselig auf Misserfolge,
- demütige Führer sorgen konsequent für Offenheit.

Erster Baustein: Demütige Führer etablieren eine „Kritik-Kultur" – auch für sich!

Erfahrungsgemäß tendieren Führungspersonen noch stärker als Otto-Normalverbraucher dazu, ihre Fehler zu verstecken, zu leugnen oder zu verteidigen. Sie fürchten um ihre Autorität. Für einen Humble Leader ist die Einsicht in eigene Fehler und Schwächen der gewohnte Normalfall; jedenfalls nichts, was man vor anderen zwingend verbergen muss, sondern im Gegenteil etwas, das man konstruktiv für sein zukünftig verbessertes Handeln nutzen kann.

Diese Haltung sollte auch für die operativen Angestellten gelten. Denn wenn Mitarbeiter in Sitzungen, Arbeitskreisen oder auch beim Mittagstisch offen miteinander diskutieren können, dann kann das viel Positives hervorbringen. Kritische Fragen zu stellen, auch gegen den direkten Vorgesetzten die Stimme zu erheben, sollte nicht pauschal als Unbotmäßigkeit eingestuft werden, so unangenehm oder gar schmerzlich solche Stimmen für den unmittelbaren Vorgesetzten oder gar die Geschäftsleitung auch sein mögen. Von Steve Jobs war bekannt, dass sein Firmenslogan „Think different" intern so viel bedeutete wie: Denke wie ich! Daher meine Forderung:

> Lassen Sie Bedenken zu und etablieren Sie Schritt für Schritt eine „Kultur der Kritik".

Kritische Meinungen von Experten oder auch operativen Fachleuten zu unterdrücken bzw. deren Ratschläge aus sachfremden Gründen in den Wind zu schlagen, kann am Ende unabsehbare Folgen haben. Dazu eine drastische Fallstudie und ein Beispiel aus Hollywood.

11. März 2011: ein schicksalhafter Atomunfall

Wie verhängnisvoll sich eine Kultur des Schweigens auswirken kann, konnte man auf dramatische Weise am 11. März 2011 in Japan erleben.[177] Damals kam es vor der Nordost-Küste Japans zu einem Erdbeben, dessen nachfolgende Tsunamiwellen das Atomkraftwerk in Fukushima trafen. Die Monsterwellen waren bis zu 14 Meter hoch und überfluteten umgehend die viel zu niedrigen Wasserschutzmauern des Kraftwerkes. Hierdurch wurde die gesamte Stromversorgung außer Kraft gesetzt, denn die Notfallgeneratoren, die die wichtigen Kühlpumpen mit Energie versorgten, waren durch die eindringenden Wassermassen zerstört worden. Auf diese Weise überhitzten sich drei der vier Reaktoren, was zu mehreren Explosionen führte. Sie kennen das Ende der Geschichte: Nukleare Flüssigkeit gelangte ins Meer und schädliche Radionuklide in die Atmosphäre. Mehrere hunderttausend Japaner mussten ihre Häuser verlassen, um nicht strahlungskrank zu werden (sie waren sich darüber im Klaren, dass sie ihre Häuser in den nächsten 40 Jahren nicht wieder betreten würden).

Dieses stärkste Erdbeben, das jemals in der japanischen Geschichte registriert wurde, hat etwa 15.000 Menschen das Leben gekostet. Diesen Teil der Geschichte kennt die ganze Welt. Was allerdings nur Wenige wissen: In den Jahren vor dieser schicksalhaften Katastrophe in Fukushima gab es mehrere sachverständige Personen, die vor einem solchen Unfall gewarnt hatten. Einer war Professor am *Research Center for Urban Safety and Security* an der Universität in Kobe. Sein Name war Katsuhiko Ishibashi. Professor Ishibashi war zugleich Mitglied eines staatlichen Komitees, das die Richtlinien für die Absicherung der japanischen Atomkraftwerke vor Erdbeben überarbeiten sollte. Er schlug mehrere nützliche Maßnahmen vor, u. a. die Erforschung aktiver geologischer Bruchlinien vor der Küste, drang aber bei den anderen Mitgliedern des Komitees nicht durch. Heute weiß man, dass die meisten Berater persönliche Verbindungen zu den Kraftwerksbetreibern unterhielten; sie lehnten seine Vorschläge rundum ab bzw. spielten seine Bedenken herunter. Aber der Professor gab nicht auf. 2007 meldete er sich abermals zu Wort und publizierte einen weitsichtigen Artikel mit dem Titel „Gibt es Grund zur Sorge?".

In diesem Artikel behauptete er, dass man sich in Japan nicht nur hinter einem falschen Gefühl von Sicherheit verstecken würde, sondern merkte auch an, dass die Aufsichtsgremien ja letztlich Vertreter einer Regierung wären, deren wesentliches Ziel im Ausbau der japanischen Atomkraft bestünde. (Tatsächlich wollte man die eigenen CO_2-Ziele erfüllen. Die Regierung verteilte dazu u. a. verschiedene Anreize an kleinere Städte, die Atomkraftwerke bauen wollten. Man organisierte sogar eine PR-Kampagne und eine Vielzahl von Beteiligungsveranstaltungen, um die Bürger von der Sicherheit der Atomenergie zu überzeugen.)

Professor Ishibashi aber war nun einmal ein Experte für tektonische Platten und Seismographie und kannte sich auf den Inseln der Umgebung gut aus. Ihm war klar, dass die tektonischen Platten regelmäßig bestimmte Zyklen durchliefen und das betreffende Gebiet um Fukushima deshalb gefährdet war für ein Erdbeben. Seine Warnungen wurden schließlich auch von der Atomprüferin Haruki Madame abgelehnt – sie sagte der japanischen Regierung, dass man sich keine Sorgen machen solle, weil Professor Ishibashi ein „Niemand" sei. (Frau Madame wurde später die Leiterin der Kommission für atomare Sicherheit in Japan.)

An diesem Beispiel sieht man auf dramatische Weise, wohin eine Kultur des Schweigens führen kann, insbesondere, wenn sie das Mittel der Angst und Einschüchterung einsetzt und so letztlich einen starken Konformitätsdruck auslöst. Man spricht hier auch von einer *Kassandra-Kultur*. Kassandra war in der griechischen Mythologie eine Seherin, die zwar die Gabe der Weissagung hatte, diese aber nur von den Göttern unter der Bedingung verliehen bekommen hatte, dass man ihren Voraussagen nirgendwo Glauben schenken würde.

Als gebildeter Japaner kannte Professor Ishibashi wahrscheinlich diesen Mythos.

Ich behaupte: Hätten die maßgeblichen Entscheidungsträger über eine gewisse (ansonsten in Japan ja gar nicht seltene) Demut verfügt oder wären sie sich wenigstens ihrer eigenen Fehlbarkeit bewusst gewesen, dann wären sie nicht nur mit dem sachkundigen Widerspruch konstruktiver umgegangen, sondern hätten sich sicherlich auch dazu aufgerafft, weitere Nachforschungen anzustellen. Eine Studie der Universität Stanford kam 2013 zu dem Schluss, dass „nur" 50 Millionen US-$ ausgereicht hätten, um eine Ufermauer zu finanzieren, die hoch genug gewesen wäre, um die Katastrophe zu verhindern. Die direkten Kosten im Zusammenhang mit der Katastrophe in Fukushima werden hingegen auf knapp 180 Milliarden Euro geschätzt.[178]

Mitarbeiterinnen und Mitarbeiter sollten aber auch noch aus einem anderen Grund niemals dazu gebracht werden, ihre wahre Meinung zu unterdrücken. Wenn sich Angestellte von ihrem unmittelbaren Vorgesetzten eingeschüchtert fühlen, dann wird sich ihr Verhalten unweigerlich in negativer Weise verändern: Sie äußern keine eigenen Ideen mehr, scheuen sich vor Eigeninitiative und halten sich mit Warnhinweisen zurück. Es ist eine Binsenweisheit, dass sich schlechte Nachrichten in einer Organisation nur von oben nach unten, nicht aber von unten nach oben fortpflanzen. In einem mittelständischen Unternehmen wurde ich einmal mit der Aussage einer älteren Mitarbeiterin konfrontiert, die offenbar ihren eigenen Erfahrungen am Arbeitsplatz entsprungen war: „Durch Schweigen ist noch nie jemand seinen Job losgeworden.“ Jede intelligente Führungskraft müsste deshalb ein Interesse daran haben, das die Mitarbeiter ihr nicht nur im Positiven, sondern auch im Negativen ein ehrliches Feedback geben.

Demut ist eben nicht nur leise, sondern hört auch zu.

Diese Haltung ist ganz besonders in Branchen wichtig, die sehr volatil und unsicher sind, d.h. in denen es keine typischen Erfolgsrezepte gibt, es aber oft um gigantische Budgets geht. Beispiel Hollywood. Hier hat sich die Praxis bewährt, schon in der Frühphase eines geplanten Films einen sogenannten *Avocatos Diaboli* einzusetzen. Die Idee dazu wurde schon vor Jahrhunderten im Vatikan geboren. Ziel war es zu verhindern, dass eine zur Selig- oder gar Heiligsprechung auserkorene Person nach ihrer Weihe mit unschönen Details aus ihrem Vorleben auffällt – der Prozess der Heiligsprechung kann schließlich Jahrhunderte dauern. In diesem Sinne schickte man einen sogenannten Advokaten des Teufels (advocatus diaboli) aus, der bewusst und gründlich nach belastendem biografischen Material dieser besonderen Person suchen sollte. Bereits im Mittelalter gab es eine ähnliche Einrichtung: Hier war es der Auftrag des Hofnarren – der nicht zufällig betont lächerlich gekleidet war –, dem allmächtigen Herrscher im wahrsten Sinne des Wortes den Spiegel vorzuhalten, d.h. ihm ehrlich die Meinung zu sagen. Dies kam den normalen Höflingen selbstverständlich nicht zu, auch weil die damaligen Herrscher ja meist Herrscher von Gottes Gnaden waren. Da der Narr aber eben ein Narr und somit nicht voll zurechnungsfähig ist, kann er dem Herrscher unbequeme Wahrheiten sagen, ohne anschließend um sein Leben fürchten zu müssen.

Walt Disney war einer der ersten Manager, der den Wert dieser institutionalisierten Gegenrede klar erfasst hat. Wenn Disney ein neues Filmprojekt in Angriff nahm, dann besetzte er in seinem Team systematisch bestimmte Rollen: Nämlich die

- des Träumers (Wie würde der ideale Film aussehen?),
- die des Realisten (Was von der Idee lässt sich produktionstechnisch und von der Kostenseite her am Ende auch tatsächlich realisieren?) und eben
- die Rolle des Zweiflers (Was könnte alles schiefgehen und woran könnte der Film an der Kinokasse scheitern?).

Walt Disney wollte damit eine vorschnelle Festlegung auf seine eigene Idee bzw. eine übergroße Euphorie in der Anfangsphase des Projekts ausschließen. Dass gerade bei sehr innovativen Entwicklungsprojekten genau diese Euphorie häufig zu späteren Milliardenverlusten führt, zeigt das Beispiel der ursprünglich als *Transrapid* in Deutschland geplanten Magnetschwebebahn. Trotz ausufernder Entwicklungskosten hielt die Bundesregierung lange an ihrem Projekt fest. Keiner wollte derjenige sein, der dessen Scheitern endgültig feststellt. Dieses auch als *Escalating commitment* (deutsch etwa: „ausufernde Zustimmung“) bekannte Phänomen hat schon viele Steuermilliarden verschlungen. Meistens wird von Seiten der Projektbefürworter dann mit sogenannten Sunk costs argumentiert. Das sind die Kosten, die schon angefallen und auch bei Beendigung des Projekts nicht mehr zurückzuholen sind. Eben endgültig „versunken“ sind. Eine typische Scheinbegründung ist dann: „Wenn wir jetzt das Projekt abbrechen, dann sind alle unsere Investitionen für immer verloren.“

Insofern dürfen gerade auch hohe Führungskräfte gern Selbstkritik betreiben. Auch als Leader muss und kann man nicht alles wissen; auch hier unterstützt wieder persönliche Demut. Daher mein Rat: Statt nach außen an dem eigenen, tadellosen Bild von sich zu arbeiten, ist es ehrlicher, die eigene Unsicherheit offen zu benennen. Die Reflektierten unter den Geführten werden es Ihnen danken. Auch Michael Dell hat das erkannt und in seinem Unternehmen die Regel eingeführt, dass jede kardinale Entscheidung von wenigstens zwei Verantwortlichen getroffen werden muss. Es selbst stellte Kevin Robins als seinen persönlichen Berater an. Ganz im Gegensatz zum einstigen *Rubbermaid*-Chef Wolfgang Schmitt, von dem es hieß, dass er alles über Alles wisse. Hat diese Einstellung etwa zum tiefen Fall des Unternehmens beigetragen?

Zweiter Baustein: Demütige Führer reagieren nicht feindselig auf Misserfolge!

Neben einer zu installierenden Kritik-Kultur besteht der zweite kulturelle Grundzug eines angstfreien Arbeitsplatzes in der *konstruktiven Reaktion auf schlechte Arbeitsergebnisse.* Fehlentscheidungen und Misserfolge bleiben natürlich in keinem Unternehmen aus, führen jedoch zu häufig zu unmittelbaren Sanktionen. Grundsätzlich kann man sowohl aus dem Nichterreichen von Zielen etwas lernen als aus deren Erreichen! Der Mensch neigt aber leider dazu, Erfolg nicht weiter zu hinterfragen und stellt erst dann kritische Überlegungen an, wenn er seine Ziele verfehlt hat. Der Konzertkritiker Joachim Kaiser hat einmal gemeint: „Alles Scheitern hat seine Gründe – und alles Gelingen sein Geheimnis". Ein demütiger Führer kennt nicht nur seine Grenzen, sondern auch die seiner Mitarbeiter. Und wenn er intelligent ist, dann wird er das Gute im Scheitern suchen. Dieses besteht im Allgemeinen darin, aus dem Fehlschlag nützliche Erfahrungen zu sammeln, d.h. zu erreichen, dass man beim nächsten Projekt erfolgreicher ist. Zur Demut gehört in diesem Sinne auch die Gleichmut, also das gelassene Ertragen von Fehlern, die nicht absichtlich, sondern in ehrlichem Bemühen begangen wurden.[179]

Es gibt diverse Hollywoodstudios, die nicht nur das Risiko des Scheiterns systematisch einpreisen, sondern bei tatsächlichen Flops an der Kinokasse spezialisierte Analysten einsetzen, die in der Folge des Flops dessen Ursachen festzumachen versuchen. So gehört es beispielweise beim jetzt zum *Disney*-Konzern gehörenden Kreativstudio *Pixar*, ein Spezialist für Animationsfilme, zur Strategie, dass der Misserfolg möglichst früh im Wertschöpfungsprozess entsteht. Beispielsweise verbringen die Drehbuchautoren oder Regisseure oft mehrere Jahre in der ersten Entwicklungsphase der Projektidee, was am Ende zwar hohe Gehaltskosten verursacht, aber gleichzeitig später ausufernde Produktionskosten verhindert.[180]

Man muss sich vergegenwärtigen, dass viele (insbesondere die essenziellen) Entscheidungen in einer Organisation von relativ wenigen Personen getroffen werden. Das sind die berühmten „einsamen" Führungsentscheidungen, die es in der Unternehmenswelt ebenso gibt wie in der Politik oder auch – allerdings deutlicher seltener – im privaten Leben. Dazu eine interessante Aussage von Manfred Kets de Vries, die ich aufgrund ihrer Tragweite gern besonders herausstelle.

Manager in Isolationsgefahr

„Trotz der verschiedenen strukturellen Sicherheitsmaßnahmen aber, die vielleicht durchgeführt werden, sind die meisten Organisationen alles andere als demokratisch. Viele wichtige Entscheidungen werden im Geheimen von wenigen Personen getroffen. Deshalb sind Organisationen auf Unterstützung angewiesen, um einen internen Machtmissbrauch verhindern zu können und Vorkehrungen gegen Entscheidungsprozesse zu schaffen, die den Realitätsbezug verloren haben. Genau hier kann ein couragiertes Individuum, das bereit ist, den Führer infrage zu stellen und ihm einen anderen, durch die Verzerrungen der Ja-Sagerei unbeeinträchtigten Blickwinkel aufzuzeigen, eine Rolle übernehmen. (...)

Zahlreiche Manager und Führungskräfte arbeiten in einer elitären Isolation und sind damit mehr als zufrieden; sie verwenden einen Großteil ihrer Energie darauf, die Autonomie ihres Territoriums zu schützen. Ein solches Verhalten lässt in der Organisation eine Atmosphäre der Vorsicht und Risikovermeidung entstehen. Selbst wenn offene Kommunikation aufrichtig gefördert wird – was relativ selten vorkommt –, kann die menschliche Natur sich diesem Ideal gegenüber überraschend widerstandsfähig erweisen. Die halbe Welt wartet darauf, dass die andere Hälfte ihr sagt, was sie zu tun hat. Je größer die Organisation, desto größer das Problem." [181]

Dritter Baustein: Demütige Führer sorgen konsequent für Offenheit!

Eine toxische Führung wirkt wie ein Virus, der nach und nach Anstand und Moral eines Teams oder gar eines ganzen Unternehmens zerfrisst. Dagegen fördern Ehrlichkeit und Offenheit vorlebende Manager – oft ohne dass es ihnen unmittelbar bewusst ist – eine Stimmung am Arbeitsplatz, die ihre Mitarbeiter nicht zum Schweigen verurteilt und sie zugleich fair über das informiert, was im Unternehmen passiert. Auch das ist Teil der psychologischen Sicherheit am Arbeitsplatz.

Amy Edmondson hat auch hierfür ein gutes Beispiel: die Finanzberatungsfirma *Bridgewater Association*, die 1975 von Ray Dalio in New York gegründet worden ist. Das mittlerweile auf über 1500 Mitarbeiter angewachsene Unternehmen hat bereits mehrere Branchenpreise erhalten. Ihr Gründer selbst wurde vom *Time Magazine* unter die 100 einflussreichsten Personen gewählt. Zu den Grundprinzipien des Erfolgs von *Bridgewater* gehört die Einforderung einer extremen Aufrichtigkeit, die zuvorderst von den Führungskräften erwartet wird. Man schuldet geradezu den Kollegen den Ausdruck der eigenen Meinung und ist zumindest moralisch verpflichtet, ihr oder ihm passende eigene Ideen zu offerieren. Bei *Bridgewater* wird permanent und detailliert Feedback gegeben: „Jeder Mitarbeiter führt einen ‚Issue Log', der die individuellen Fehler, Stärken und Schwächen dokumentiert, und einen ‚Pain Button', der die Reaktion des Mitarbeiters auf bestimmte Kritik enthält."[182]

Extreme Aufrichtigkeit wird bei *Bridgewater* mit der Forderung nach radikaler Transparenz verbunden. Es ist angeblich sogar verboten, über Menschen zu sprechen, die nicht persönlich anwesend sind. Wir wollen hier aber nicht zu leichtgläubig sein: Bei *Bridgewater* wird auch eine tagesaktuelle Liste mit den kontinuierlichen Leistungsbewertungen geführt (sog. „Baseball Cards"). Diese sind für jeden Angestellten der Firma zugänglich, was für mich, ehrlich gesagt, ein wenig nach Druck und Krampf klingt und zugleich die Überlegungen im ersten Kapitel des Buches („Überwachungskapitalismus") bestätigt. Die Manager nutzen die „Baseball Cards", um wichtige Entscheidungen über Bonuszahlungen, Beförderungen oder sogar Kündigungen zu treffen. Immerhin darf sich auch Ray Dalio nicht hinter einer Mauer der Intransparenz verstecken. Diese Philosophie der Firma geht so weit, dass sogar eine sogenannte *Transparenzbibliothek* eingerichtet wurde, die Videoaufnahmen von jedem Treffen des betrieblichen Leitungsgremiums enthält. Die Aufnahmen werden archiviert, sodass die Mitarbeiter jederzeit selbst nachschauen können, welche Themen oder Initiativen im Führungsgremium diskutiert wurden.[183]

Wie gesagt, man sollte diese Fallbeispiele nicht zu naiv betrachten – übertriebene Transparenz kann durchaus auch eine Form des Terrors sein. Auch hier macht wieder die Dosis das Gift. Eines aber zeigen diese drei Grundzüge einer angstfreien Organisation sehr anschaulich: Geführte sehen sich zum konstruktiven Aufmucken ermuntert, Ergebnisansprüche, bestehende Verhaltensnormen und Arbeitssituationen werden kritisch reflektiert, und, als letztendliche Folge davon, sämtliche Führungsbeziehungen *postheroisch entschärft*. Das Statusgefälle zwischen Managern und Angestellten schwächt sich in der Folge mehr und mehr ab. Salopp gesagt: Der Chef ist kein Halbgott mehr. Vor Blauäugigkeit bei der Implementierung dieser schönen Idee von leiser und bescheidener Führung auf Augenhöhe muss indes gewarnt werden: Trägheit, partikularistische Interessen, Strukturkonservatismus und finanzdominierte Anreizsysteme könnten am Ende auch diese überfällige Reform verschleppen.

5 Wege zum anständigen Unternehmen

> Wer etwas zu verbergen hat, sollte es vielleicht einfach nicht tun.
>
> – Eric Schmidt, Ex-Google-Chef

Im letzten Kapitel behandeln wir noch offene, zum Teil unbequeme Fragen. Sind die Rücksichtslosen unter den Führungskräften in bestimmten Situationen nicht doch effektiver? Kann Demut auch scheitern oder zumindest in bestimmten Situationen unangebracht sein? Und wie gelangt man am Ende zu einem integeren Unternehmen?

Offensichtlich gehen persönliche Selbstliebe und der Aufstieg in höchste Führungspositionen immer noch Hand in Hand. Wenn die in Kapitel 2 besprochene Jungbullen-Studie recht hat und die neue Leader-Generation tatsächlich die narzisstischste aller (gemessenen) Zeiten ist, dann wird es demnächst ungemütlich in Amtsstuben und Fabrikhallen. Dann stoßen nämlich selbstverliebte Führungskräfte auf selbstverliebte Generation Z-Mitarbeiter. Wir dürfen gespannt sein, wie dieses Kräftemessen ausgehen wird.[184]

Wir haben auch gesehen: Demut ist sowohl ein Mindset (also auf der Einstellungsebene einer Person angesiedelt) als auch ein bestimmtes Tun (also auf der praktischen Handlungsebene vorhanden). In diesem Sinne können natürlich auch Humble Leader ehrgeizig und ambitioniert sein – aber sie sind das vor allem für ihren Arbeitgeber und erst in zweiter Linie für sich. Sie denken also im Wir-Modus. Insofern ist Management eben nicht nur Handwerk, sondern auch eine geistig-moralische Haltung. Demütiges Führen bedeutet zudem, sich selbst zutreffend einschätzen zu können und ein vernünftiges Maß zwischen Selbstvertrauen und Selbstüberschätzung zu finden. Letzteres verbinden wir insbesondere mit egozentrischen oder narzisstischen Persönlichkeiten. Bei diesen Alphatieren pflanzt sich das betreffende Mindset, ganz gleich, ob es in Gestalt eines Firmeninhabers, eines Vorstands oder einer einfachen Führungskraft in Erscheinung tritt, meist schnell bis in die untersten Ebenen fort. In einer konkreten Führungsbeziehung muss aber jede und jeder ihre oder seine Position legitimieren. Das macht man am besten mit praktischer Wirksamkeit. Und mit einem Führungsverständnis, das von den Mitarbeitern nicht nur Know-how erwartet, sondern diesen auch *bewusst ein Know-why liefert.*

Unbestritten ist inzwischen, dass „New Work“ ganz neue Herausforderungen für die Personalführung mit sich bringt. Der Begriff „New Work“ stammt von dem 1930 in Sachsen geborenen und 2021 verstorbenen Philosophen Frithjof Bergmann. Gemeint ist eine Idee von Berufsarbeit, bei der sich Freiräume für kreatives und selbstbestimmtes Tun eröffnen. Im Ideal darf jedes Mitglied der Organisation – gleich ob Chef oder Untergebener – das tun, was seiner Persönlichkeit entspricht. In dieser Welt geht es um Freiheit und persönliche Entfaltung. Dazu gilt es zunächst zu erkennen, wer ich wirklich bin, was ich will, wofür ich jeden Morgen aufstehe. Die geforderte Selbstmobilisierung wirkt nicht nur befreiend, sondern auch motivierend. Gleichzeitig aber trifft dieses Leitbild auf eine immer stärkere Technisierung und Entpersonalisierung der Arbeitswelt.[185] Wir haben das zu Beginn des Buches schon thematisiert: Die Gig-Economy wirft ihre Schatten nicht nur voraus, sondern holt heute immer mehr Berufstätige ein. In fast allen westlichen Ländern ist die Zahl der Unternehmen, die auf solche Freiberufler setzen, in den letzten Jahren stetig angewachsen.

Wir haben zudem herausgearbeitet, dass Mitarbeitergesundheit häufig weniger eine Frage der Medizin ist als vielmehr der Art und Weise, wie wir unsere modernen Organisationen einrichten und steuern. Demütige Vorgesetzte führen in ehrlicher Würdigung der Stärken ihrer Mitarbeiter und übernehmen ggf. auch die persönliche Verantwortung für negative Ergebnisse. Sie unterliegen auch signifikant seltener einer persönlichen Selbstüberschätzung von der Art „ich bin besser/schöner/klüger/wichtiger als andere". Dass sie sich ihrer Grenzen bewusst sind, schützt sie vor der machtüblichen Hybris. Somit gehen Humble Leader deutlich seltener unnötige Risiken ein; aufsehenerregende Aktionen, wie z. B. waghalsige Unternehmensübernahmen oder Frontalangriffe auf Wettbewerber, liegen ihnen nicht.

Stattdessen bleiben sie sich stets ihrer persönlichen Unzulänglichkeit bewusst. Dies erfordert auf Seiten des Führenden natürlich ein lernbereites Mindset sowie eine dezidiert kooperative Einstellung. Die bisherige, auf schlichten Positions- oder Informationsvorsprüngen des Vorgesetzten basierende Führungskonzeption – die dann notwendigerweise autoritär sein muss – wird den Weg der Mammuts und Dodos gehen: sie wird bald vom Erdboden verschwunden sein. Der Grund: Vorgesetzte brauchen ihre Beschäftigten schon heute mehr als diese ihre Chefs. Und weil diese Beschäftigten mehrheitlich nicht mehr bereit sein werden, eklatante Kompetenz- oder Charaktermängel ihrer Leader hinzunehmen, wird sich das Ganze in den nächsten Jahren von selbst erledigen. Denn die effektiven Leader der Zukunft werden viel intensiver als Verknüpfer, Ermöglicher, Ausgleicher und Sinnstifter wirken. Das ist gerade in flachen Hierarchien kein leichter Job. Hochmut und Übermut wären da fehl am Platze; Demut und Langmut hingegen wirken gewinnend.

Allerdings lassen sich nur wenige Phänomene in Organisationen mit dem herkömmlichen Schwarz-weiß-Schema beschreiben. Dies gilt auch für das Führungsleitbild, das wir in diesem Buch umrissen haben. Hilfreicher als eine scheingenaue Unterscheidung zwischen guter (demütiger) und schlechter (egozentrischer) Führung sind Übergänge und Mischformen zwischen verschiedenen Leadership-Ansätzen. Diese ergeben sich in der betrieblichen Praxis unweigerlich aus der Vielzahl neuartiger Problemstellungen und lassen sich eben nicht einfach in die Kategorien gut oder schlecht einteilen. Deshalb ist es natürlich auch nicht so, dass still-bescheidene Leader *zwangsläufig* gute Leistungen in ihrer Organisationseinheit hervorbringen. Im Umkehrschluss ist es auch keinesfalls ausgeschlossen, dass eitle Führungspersonen exzellente Ergebnisse produzieren; auch arrogante Leader können schließlich kompetent sein.

In diesem Sinne können auch ausgesprochen egozentrische Figuren eine treue Gefolgschaft im Unternehmen haben. Ein selbstbezogenes oder gar aggressives Führungsverhalten mag sogar bestimmte Mitarbeiter anziehen – nämlich solche, die sich aufgrund ihres eigenen Charakters leichter mit lautstarken und machtbewussten Führungspersonen identifizieren. Wer fragt nach Persönlichkeitsstrukturen, wenn die Zahlen stimmen? Das schon mehrfach bemühte Beispiel von Apple-Gründer Steve Jobs, der in seinem Leben wohl gegen fast alle Lektionen der Leadership-Forschung verstieß, aber geschäftlich unbestritten hoch effektiv war, unterstreicht dies. Auch der legendäre Chrysler-Sanierer Lee Iacocca fällt in diese Kategorie. Fazit: Ein egozentrischer Führer muss nicht schon deshalb wirkungslos sein, weil er unseren heutigen Ethik-Standards widerspricht. Das ist ja das Problem. Und wohl letztlich eine Frage der zeitlichen Perspektive, also: Wie lange geht das gut?

Am Ende geht es in der Personal- wie in der Unternehmensführung vor allem um eines: Vertrauen. Drei Arten von Vertrauen sind zu unterscheiden und gleichermaßen wichtig. Zunächst wissen wir aus der Charisma-Forschung, dass charismatische Persönlichkeiten erst einmal von sich selbst überzeugt sein, d. h. sich selbst vertrauen müssen. Ohne den festen Glauben daran, dass die eigenen Ziele und Werte die richtigen sind, kann man letztlich nicht führen. Die Charisma-Forschung hat dies klar herausgearbeitet: Leader mit Strahlkraft wollen vielleicht nicht unbedingt alles dominieren, aber sie wollen die Richtung vorgeben und sind gleichzeitig überzeugt davon, dass dies im Interesse aller ist – weil sie eben die richtigen Wege gehen. Das systematische Impression-Management ist Kern dieser Philosophie.

> Selbstvertrauen ist somit die erste und notwendige Voraussetzung für gelingende Leadership.

Gleichzeitig zeichnen sich effiziente Führungspersonen dadurch aus, dass sie sich aus dem alltäglichen Klein-Klein heraushalten, d.h. ihrem *Team vertrauen*. Wenn es hart auf hart kommt, muss Führung natürlich in die Verantwortung gehen. Aber: In normalen Zeiten sollte sich eine gute Führungskraft möglichst überflüssig machen, im Hintergrund bleiben. Geschickte Leader delegieren, lassen ihre Mitarbeiter entscheiden, agieren zurückhaltend. Erst im Notfall, wenn die Gefahr einer Paralyse aufgrund von vielen verschiedenen Handlungsoptionen oder zu großem Zeitdruck gegeben ist, tritt Führung in den Vordergrund.

> Loslassen können ist die zweite Voraussetzung für gelingendes Leadership.

Wenn die Mitarbeiter das Gefühl bekommen, ihr Chef oder ihre Chefin wären überflüssig – dann hat man als wahrer Leader sein Ziel erreicht. Die Quintessenz für selbstbewusste Leader lautet: Ich bin so stark, dass ich auch mal loslassen kann.

Echte Leader arbeiten daran, dass auch ihre Mitarbeiter von Tag zu Tag mehr Selbstvertrauen gewinnen. Sie sorgen durch geschickte Jobzuweisung nicht nur für Abwechslung, sondern auch dafür, dass jeden Tag aufs Neue Erfolgserlebnisse entstehen, d.h. die Talente sich entfalten und wachsen können. Das wäre der dritte Vertrauenstyp – die *Mitarbeiter vertrauen sich und ihren Kräften* mehr und mehr selbst. Quasi wie ein Kind, das sich zum ersten Mal traut, allein von seinem Stuhl zum Tisch zu gehen (ich weiß, die Metapher ist nicht besonders gelungen).

> Kein Unternehmen sollte auf seine Führungspersonen zentriert sein.

Auch wenn es ungewöhnlich erscheint: Die Quintessenz für die Geführten lautet: Wir schaffen es zur Not auch allein!

Es stimmt eben: Vertrauen führt – und macht letztlich den entscheidenden Unterschied.

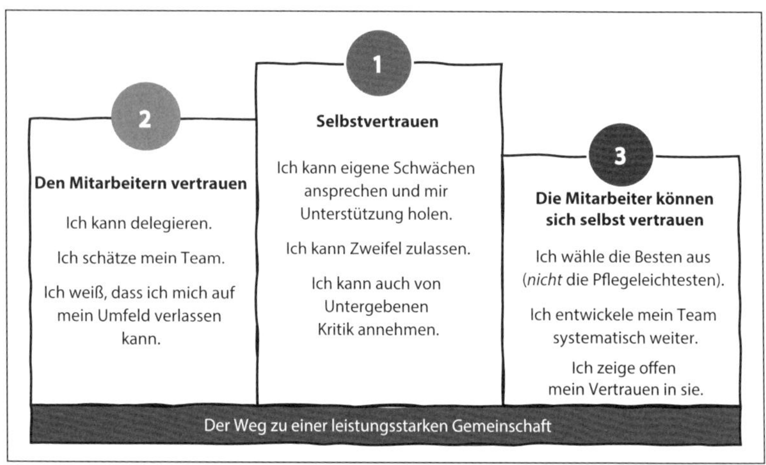

Es gelingt nur mit dreifachem Vertrauen

Vielsagend ist die Geschichte der brasilianischen *Semco*. Das von Ricardo Semler als Geschäftsführer und Mehrheitseigentümer geleitete Maschinenbau-Unternehmen produziert Pumpen, Geschirrspülmaschinen, Kühlaggregate – und zufriedene Mitarbeiter. Als er in den frühen 1980er-Jahren das Familienunternehmen von seinem Vater übernommen hatte, galt es als schwer angeschlagen. Was aber tat Ricardo Semler? Er führte in seinem Unternehmen eine Reihe von radikalen Maßnahmen durch. Semler entließ die meisten Führungskräfte, schaffte die Berufsbezeichnungen ab und überließ es den 3000 Mitarbeitern seines Unternehmens, sich ihre Bürozeiten selbst einzuteilen. Überdies gab er jedem Einzelnen eine Stimme bei großen Diskussionsrunden, und einige Mitarbeiter konnten sogar selbst ihre Gehälter festlegen. Das Ergebnis dieser (Nicht-)Führung beschreibt Semler in seinem lesenswerten Buch „Maverik: The Success Story Behind the World's Most Unusual Workplace". Semco konnte in den nächsten 20 Jahren ein Wachstum von gut 25 % pro Jahr verzeichnen. 1990 wurde Ricardo Semler vom Wall Street Journal zum „Lateinamerikanischen Geschäftsmann des Jahres" gewählt; 1992 wurde er „Brasilianischer Geschäftsmann des Jahres". Das Unternehmen ist heute immer noch alles andere als auf seinen Gründer zentriert. Anders gesagt: Laute Führer können für die Medien interessanter sein; effektiver im Sinne guter Unternehmensresultate sind sie dadurch jedoch nicht.

Noch eine letzte Bemerkung zur Wirtschaftsethik. Auch wenn unsere Alltagssprache davon abweicht: „Das" Unternehmen gibt es gar nicht, das ist letztlich nur eine juristische oder psychologische, jedenfalls artifizielle Denkfigur. Zur Entwicklung einer werteorientierten und damit nachhaltigen Managementpraxis muss man daher unbedingt die konstruktivistische Falle meiden: Es gilt sich am Schluss dieses Buches klarzumachen, dass letztlich nicht Organisationen handeln, sondern immer nur Menschen. „Der Betrieb betritt mit seinem Geschäftsmodell Neuland", „das Unternehmen weigert sich, Schadenersatz zu zahlen" – nein: Eine einflussreiche oder kreative Person betritt Neuland, ein zuständiges Vorstandsmitglied weigert sich zu zahlen. Man denke nur an den aufwühlenden Contergan-Skandal der frühen sechziger Jahre, für den sich der aktuelle Geschäftsführer der *Grünenthal GmbH* erst im September 2012 – nach einem halben Jahrhundert – offiziell entschuldigt hat.

Hierzu passt leider das Ergebnis der jährlich aktualisierten US-Studie *The State of Moral Leadership in Business* des Forschungsinstituts LRN für 2020. Danach meinten nur 7 % der 1500 befragten US-Arbeitnehmer, dass ihr direkter Vorgesetzter durchgängig moralisch agieren würde. Hingegen bekannten 86 % der Beschäftigten ein dringendes Bedürfnis nach „Moral Leadership"![186] Ich frage Sie: Wäre das Ergebnis einer solchen Umfrage in Deutschland ein anderes?

Organisationales Verhalten ergibt sich letzten Endes als Summe der vielen, vielen Einzelhandlungen im System. Folgt man dieser Idee, dem sogenannten methodologischen Individualismus, dann können sich Führungskräfte wie Mitarbeiter nicht hinter abstrakten und kollektiv entlastenden Begriffen wie „Unternehmen" oder „Regierung" verstecken. Sagen wir es so: Wenn man als Mensch den Anspruch hat, sittlich-moralisch zu arbeiten und zu leben, dann ist jeder von uns, gleich an welcher Stelle im Organigramm, ein Leader.

In diesem Sinne: Be humble!

Endnoten

1 Zum Beispiel Der Spiegel (2017): Martin Winterkorn wird 70: Die Arroganz der Macht.
https://www.spiegel.de/wirtschaft/unternehmen/martin-winterkorn-wird-70-die-arroganz-der-macht-a-1149070.html, 11/6/2019 oder Weibler, J. (2017): Zorn auf die Falschspieler – Götterdämmerung im Top-Management? Erreichbar unter: https://www.leadership-insiders.de/zorn-auf-die-falschspieler-goetterdaemmerung-im-top-management/

2 Vgl. u.a. von der Oelsnitz, D./Busch, M. (2010): Narzisstische Manager – falsche Götter am Unternehmenshimmel? In: *Zeitschrift Führung + Organisation*, 79. Jg., Nr. 3, S. 186–188

3 In der Phase der Corona-Pandemie ist diese Entwicklung allerdings abgebremst worden; das durchschnittliche Gehalt der Vorstände ist v.a. aufgrund niedrigerer Boni leicht zurückgegangen.

4 Der Spiegel (2009): Goldman-Sachs-Chef fordert kollektive Demut seiner Branche.
https://www.spiegel.de/wirtschaft/finanzkrise-goldman-sachs-chef-fordert-kollektive-demut-seiner-branche-a-622504.html

5 Stellvertretend sehe man sich die Buchtitel von einem der einstmals führenden deutschen Wirtschaftsjournalisten, Günter Ogger, an. Seinen Durchbruch hatte der ehemalige Redakteur der Zeitschrift *Capital* 1992 mit dem Buch „Nieten in Nadelstreifen". Danach ging es, kaum weniger erfolgreich, in schöner Regelmäßigkeit weiter mit: „Das Kartell der Kassierer" (1994), „König Kunde – angeschmiert und abserviert" (1996) sowie „Absahnen und abhauen" (1998).
Ogger benennt u.a. folgende Hauptfehler seiner Nieten in Nadelstreifen: Egoismus, Opportunismus, Konformismus, Bürokratismus und Insuffizienz. In dasselbe Horn stieß der einst einflussreiche Parteienforscher und ehemalige Direktor der Kölner Gesellschaft für Sozialforschung, Erwin Scheuch, mit seiner damals vielbeachteten Schrift „Deutsche Pleiten. Manager im Größenwahn" (2001).

6 Boddy, C. (2011a): The Corporate Psychopaths Theory of the Global Financial Crisis. In: *Journal of Business Ethics*, Vol. 102 (2), S. 255–259. https://doi.org/10.1007/s10551-011-0810-4

7 Newman zitiert nach Dutton, K. (2013): Psychopathen. Was man von Heiligen, Anwälten und Serienmördern lernen kann, 5. Aufl., München, S. 88

8 Vgl. Bauer, J. (2013): Arbeit. Warum unser Glück von ihr abhängt und wie sie uns krankmacht, München, S. 183

9 Vgl. Babiak, R./Hare, R. (2006): Menschenschinder oder Manager. Psychopathen bei der Arbeit, München, S. 193 f. Der Originaltitel ihres Buches ist wohl noch besser: *Snakes in Suits.*

10 Vgl. z.B. Boddy, C. (2014): Corporate Psychopaths, Conflict, Employee Affective Well-being and Counterproductive Work Behaviour. In: *Journal of Business Ethics*, Vol. 121 (1), S. 107–121

11 Vgl. Randstad USA Annual Report 2018

12 „To get away from their managers in order to improve their overall quality of life", in: Morgan, J. (2020), S. 12. Vgl. zu diesem Aspekt auch Harter, J./Adkins, A. (2015): Employees Want a Lot More From Their Managers. April 8, 2015. https://www.gallup.com/workplace/236570/employees-lot-managers.aspx

13 „Mit wem tauscht sich der Manager darüber aus, was ihm an Kompensation für eine hoch stressbelastete Arbeitssituation zusteht? Doch hauptsächlich mit seinesgleichen. Und wer sich in den Techniken des Eindrucksmanagements ein wenig auskennt, ahnt schon, welche davon in den Gesprächen an der Hotelbar oder beim Golfspielen gewählt wird: Selbstaufwertung. Mein Haus, mein Pferd, mein Auto. Wer sich so hochgekämpft hat, verfügt über ein kräftiges, gelegentlich aber eben auch über ein pathologisches Maß an Narzissmus. Das lässt ihn immer etwas finden, wo er, im Vergleich zu anderen, zu kurz gekommen ist. Und also muss das repräsentativere Büro, der größere Dienstwagen, der modernere Firmenjet, das höhere Salär, die höhere Abfindung her. Wenn dieses Bestreben weder im Unternehmen noch auf einer gesellschaftlichen Ebene kontrolliert und begrenzt wird, entwickelt sich eine sich immer schneller drehende Imponierspirale." In Winterhoff-Spurk, P. (2008): Unternehmen Babylon. Wie die Globalisierung die Seele gefährdet, Stuttgart, hier S. 94.

14 Drucker, P. (1982): The Changing World of the Executive, New York

15 Vgl. Hamel, G./Breen, B. (2008): Das Ende des Managements. Unternehmensführung im 21. Jahrhundert, Berlin

16 Klotz, U. (2009): Soziale Netzwerker – die Zukunft der Arbeit, in: Caspary, R. (Hrsg.): Zukunft jetzt!, Stuttgart, S. 137-156

17 Siehe z. B. die Gallup-Studie *The End of Management* vom 31. Mai 2018; verfasst von Adam Hickman und Ryan Pendell. https://www.gallup.com/workplace

18 Vgl. Fischer, K. (2021): Der Preis der Freiheit. In: *Wirtschaftswoche*, Nr. 36, S. 90-93. Hier S. 91

19 Vgl. von der Oelsnitz, D. (2018): Die Gig-Economy. Chancen und Risiken elektronischer Marktplätze. In: *Universitas*, 73. Jg., Nr. 2, S. 19-33

20 Vgl. Staiger, A.-M./Schmidt, J./Oelsnitz, D. von der (2022): How well did I do? The Effect of Feedback on Affective Commitment in the Context of Microwork. In: Proceedings of the 55th Hawaii International Conference on System Sciences, S. 5221-5230

21 Vgl. von der Oelsnitz, D. (2017): Gig-Economy: Befreiung oder Prekariat? In: *Neue Zürcher Zeitung*, 2. November, Nr. 255, S. 16

22 Für die auftraggebenden Firmen als letztendliche Kunden zahlt sich das Ganze natürlich aus. Sie schätzen die Vorteile der Gig-Economy: bedarfsweiser Zukauf von Expertenwissen und Problemlösungskompetenz, ein weitgehender Verzicht auf Lohnzusatzkosten (Krankenversicherung, Weihnachtsgeld, Elternzeit etc.), die Vermeidung eines nachfrageunabhängigen Fixkostenblocks sowie last but not least: die Aufrechterhaltung eines hohen Leistungsdrucks. Denn die Aufkündigung des „Arbeitsverhältnisses" ist jederzeit problemlos möglich.

23 Der Bestsellerautor Reinhard Sprenger schreibt dazu: „Angesichts der technischen Möglichkeiten der Totalüberwachung wirkt die Welt, die George Orwell in *1984* entworfen hat, fast idyllisch. (…) Heute wuchert das Screening: Scanner, Kameras und Diensthandys liefern detaillierte Daten über WAS, WO und WIEVIEL. Und auch das ist fast schon wieder Schnee von gestern. Zunehmend greifen jetzt Spezial-Software und Tracking-Technologien um sich. Dabei werden nicht nur Lagerbestände und ganze Fabrikdesigns erfasst, nicht nur Warenfluss und Fahrzeuge werden ‚getrackt' und ‚getraced', sondern auch Menschen." In: Sprenger, R. (2015): Das anständige Unternehmen, München, S. 329

24 Ciulla, J. (2009): Leadership and the Ethics of Care. In: Journal of Business Ethics, Vol. 88 (1), S. 3–4

25 Vgl. Weibler, J. (2001), S. 138
26 Vgl. Janßen, A. (2016): So sieht Erfolg aus. In: *Wirtschaftswoche*, Nr. 44, S. 18
27 Vgl. insb. Maccoby, M. (2000): Narzisstische Unternehmensführer im Kommen. In: *Harvard Business Manager*, 22. Jg., S. 14-22. Original: Maccoby, M. (2000): Narcisstic leaders. The credible Pros, The inevitable cons. In: *Harvard Business Review*, Vol. 78 (1), S. 69–77
28 Sutton, R. (2008): Der Arschlochfaktor. Vom geschickten Umgang von Aufschneidern, Intriganten und Despoten im Unternehmen. 3. Aufl., München, S. 151
29 Sutton, R. (2008), S. 160
30 Vgl. Münk, K. (2006): „Und morgen bringe ich ihn um!". Als Chefsekretärin im Top-Management, Frankfurt am Main. Hier die Rezension der FAZ (zuletzt abgerufen am 14.9.2021)
https://www.faz.net/aktuell/feuilleton/buecher/rezensionen/sachbuch/und-morgen-bringe-ich-ihn-um-von-katharina-muenk-1386020.html
31 Diese interessante Perspektive leuchten gut aus Howell, J./Avolio, B. (1992): The Ethics of Charismatic Leadership: Submission or Liberation? In: *Academy of Management Executive*, Vol. 6 (2), S. 43–54. Siehe dazu auch Abschnitt „Wozu das alles" in Kapitel 3.
32 Vgl. z. B. George, B. (2003): Authentic Leadership. Rediscovering the Secrets to Create Last Thing Value, San Francisco
33 Vgl. Greenleaf, R. (2007): The Servant as Leader. In: Zimmerli, W. et al. (Hrsg.): Corporate ethics and corporate governance, Berlin/Heidelberg, S. 79-85 oder auch Schnorrenberg, L. (2007): Servant Leadership — die Führungskultur für das 21. Jahrhundert. In: Hinterhuber, H.H. et al. (Hrsg.): Servant Leadership. Prinzipien dienender Unternehmensführung, Berlin, S. 17–39
34 Vgl. neueren Datums z. B. Eva, N. et al (2019): Servant Leadership. A Systematic Review and Call for Future Research. In: *Leadership Quarterly*, Vol. 30, S. 111–132; Liden, R. et al. (2014): Servant Leadership and Serving Culture: Influence on Individual and Unit Performance. In: *Academy of Management Journal*, Vol. 57, S. 1434–1452 oder Petersen, S./Galvin, B./Lange, D. (2012): CEO Servant Leadership. In: *Personnel Psychology*, Vol. 65 (3), S. 565–596
35 Vgl. van Dierendonck, D. (2011): Servant Leadership: A Review and Synthesis. In: *Journal of Management*, Vol. 37 (3), S. 1228–1261.
Allerdings hat neuere Forschung auch gezeigt, dass es auf Seiten der Top-Entscheider speziell in Krisensituationen auch zu viel Empathie geben kann. Es wird dann aufgeregter auf Alarmzeichen reagiert, und die Führungskräfte neigen zu einem vorschnell entschuldigenden („apologetic") Verhalten. Der Schutz des eigenen Systems geht den Leadern nun vor ehrlicher Aufarbeitung. Wieder macht die Dosis das Gift. Vgl. König, A. et al. (2018): A Blessing and a Curse: How CEOs' Empathy affects their Management of Organizational Crises. In: *Academy of Management Review*. Advance online publication. https://doi.org/10.5465/amr.2017.0387
36 Vgl. hierzu genauer Sun, P. (2018): The Motivation to Serve as a Corner Stone of Servant Leadership. In: van Dierendonck, D./Patterson, K. (eds.): Practicing Servant Leadership, S. 64 ff. Zentral ist hier das Konzept der persönlichen Identität. Zugleich wird nun stärker unterschieden zwischen einer „Motivation to lead" (MTL) und einer „Motivation to serve" (MTS).
37 Den wirklich hübschen Beitrag verfassten P. Alvares de Souza Soares, E. Müller, U. Schwarzer sowie K. Werle (2014): Harte Hunde. In: *Manager Magazin* (2014), Nr. 10, S. 125–130

38 Vgl. Blake, R./Mouton, J. (1980): Verhaltenspsychologie im Betrieb, Düsseldorf/Wien, S. 114 ff., 143 f., 175 f. Überdies arbeiteten die Autoren bereits damals heraus, dass Manager bei Ihrer Selbsteinschätzung in der Regel daneben liegen und einer ego-schützenden Selbsttäuschung aufsitzen.

39 Vgl. Morgan, J. (2020): The Future Leader, Boston, S. 31

40 Vgl. De Luce, I. (2019): „Researchers Studied the Health of 400,000 Americans and Found That Bad Bosses May Actually Be Giving You Heart Disease." July 9, https://www.businessinsider.com/toxic-workplaces-bad-bosses-low-trust-link-to-cardiovascular-disease-2019-7.

41 Vgl. Boddy, C. (2011b): Corporate Psychopaths, Bullying and Unfair Supervision in the Workplace. In: *Journal of Business Ethics*, Vol. 100 (3), S. 367–379

42 Vgl. Bauer, J. (2013): Arbeit. Warum unser Glück von ihr abhängt und wie sie uns krankmacht, München, S. 181

43 Vgl. Sigrist, J. (2006): Was trägt Stressforschung zur Erklärung des sozialen Gradienten koronarer Herzkrankheiten bei? In: *Deutsche Medizinische Wochenschrift*, Nr. 131, S. 762–766

44 Vgl. von der Oelsnitz, D. (2012): Der Vorgesetzte als Mensch – oder doch lieber als Vorgesetzter? Gedanken zur hellen und dunklen Seite der Führung . In: Stein, V./Müller, S. (Hrsg.): Aufbruch des strategischen Personalmanagements in die Dynamisierung, München, hier S. 213 ff.

45 Existenzangst und chronische Ermüdung sind die „normalen" Folgen, zu denen bei vielen Arbeitnehmern psychovegetativen Beschwerden wie Nervosität, Lustlosigkeit, Niedergeschlagenheit, Kopf- oder Rückenschmerzen oder schlicht Schlafstörungen kommen.

46 Vgl. Kastner, M. (2011): Ganzheitliches Gesundheitsmanagement in Unternehmen. In: Stock-Homburg, R./Wolff, B. (Hrsg.): Handbuch Strategisches Personalmanagement, Wiesbaden, S. 485–513, hier S. 490 f.

47 https://de.statista.com/themen/161/burnout-syndrom/

48 Vgl. Winterhoff-Spurk, P. (2008): Unternehmen Babylon. Wie die Globalisierung die Seele gefährdet, Stuttgart, hier S. 65 f.

49 Vgl. Schwartz, J./Stone, A. (1993): Coping with Daily Work Problems. Contributions of Problem content, Appraisals, and Person Factors. In: *Work & Stress*, Vol. 7 (1), S. 47–62, hier S. 55 ff.

50 Vgl. Burisch, M. (2010): Das Burnout-Syndrom, Heidelberg, S. 55

51 Werle, K. (2010): Die Perfektionierer. Warum der Optimierungswahn uns schadet – und wer wirklich davon profitiert, Frankfurt/M., S. 110.

52 Vgl. Han, B. (2011): Müdigkeitsgesellschaft, Berlin, S. 19 ff.

53 Zitiert nach Winterhoff-Spurk (2008), S. 42

54 Bereits in den Achtziger Jahren haben Tom Peters und Robert Waterman in ihrer vielbeachteten Studie „In Search of Excellence" die Überlegenheit einer gezielt wertebeeinflussenden („transformationalen") Führung hervorgehoben. Die Autoren propagieren hiermit ein Führungsmodell, das in besonderem Maße auf dem ureigenen Sinnstreben des Menschen aufbaut. Die Führungskraft leitet hier nicht mehr en detail, sondern verdeutlicht in erster Linie das Warum des jeweiligen Tuns. Vgl. Peters, T./Waterman, R. (1990): Auf der Suche nach Spitzenleistungen, München. Oder auch von der Oelsnitz, D. (1999): Transformationale Führung im organisationalen Wandel: Ist alles machbar? Ist alles erlaubt? In: *Zeitschrift Führung + Organisation*, 68. Jg., Nr. 3, S. 151-155

55 Vgl. Handelsblatt (2019): Wie eine Betrügerin über Jahre hinweg das Silicon Valley narrte.
https://www.handelsblatt.com/arts_und_style/literatur/wirtschaftsbuch-

preis/deutscher-wirtschaftsbuchpreis-wie-eine-betruegerin-ueber-jahre-hinweg-das-silicon-valley-narrte/25054780.html?ticket=ST-1305857-3Sfc-RBBng0ldXQ3gIcCz-ap2

56 Dutton, K. (2013): Psychopathen. Was man von Heiligen, Anwälten und Serienmördern lernen kann, 5. Aufl., München, S. 159

57 Arbeiten von Sümer und Kollegen zeigen für die Schweiz, dass narzisstische Persönlichkeitszüge im Ausleseprozess für eine militärische Karriere sogar geradezu erwünscht waren. Vgl. Sümer, H. et al. (2001): Using a Personality-Oriented Job Analysis to Identify Attributes to be Assessed in Officer Selection. In: *Military Psychology*, Vol. 13, S. 129-145. Ähnlich schon Post, J. (1984): Dreams of Glory and the Lifecycle: Reflections on the Life Course of Narcisstic Leaders. In: *Journal of Political and Military Sociology*, Vol. 12, S. 49-60

58 Oder frei nach George Bernard Shaw: Manche Menschen sehen die Dinge, wie sie sind und fragen: warum? Leader sehen Dinge, die es noch nie gab und fragen: warum nicht?

59 Insbesondere Michael Maccoby betonte schon früh, dass in der heutigen, chaotisch-hektischen Geschäftswelt nicht mehr solide und bedächtige Aufbauer gefragt sind, sondern durchsetzungsstarke Visionäre. Vgl. Maccoby, M. (2003): The Productive Narcissist: The Promise and Peril of Visionary Leadership, New York.
Noch grundsätzlicher argumentiert Twenge, J./Campbell, W. (2014): The Narcissism Epidemic: Living in the Age of Entitlement, New York. Narzissmus ist demnach typisch für eine ganze Generation und keineswegs nur ein Problem in Unternehmen. Gleichwohl steckt natürlich in uns allen eine gewisse Suche nach Anerkennung bzw. auch ein gewisser Geltungstrieb. Insofern weisen alle Menschen wenigstens einige Körnchen Narzissmus auf.

60 Integritätstests lassen sich in einstellungs- und eigenschaftsorientierte Verfahren unterteilen. Einstellungen werden über Fragen in Bezug auf Kriminalität, antisoziales Verhalten und sonstige illegalen Aktivitäten gemessen. Eigenschaftsorientierte Tests messen Persönlichkeitsmerkmale wie Zuverlässigkeit, Ehrlichkeit, Konformitätsstreben, Risikobereitschaft oder Aggressivität. Vgl. dazu Karren, R.J./Zacharias, L. (2007): Integrity Tests: Critical Issues. In: *Human Resource Management Review*, Vol. 17 (2), S. 222. Auch der deutsche Wirtschaftspsychologe Heinz Schuler hat einen Integritätstest entwickelt, das sog. Persönlichkeitsinventar zur Integritätsabschätzung (PIA).

61 Vgl. Damann, G. (2007): Narzissten, Egomanen, Psychopathen in der Führungsetage, Bern. Oder Galvin, B./Lange, D. und Ashforth, B. (2015): Narcissistic Organizational Identification. Seeing Oneself as Central to the Organization's Identity. In: *Academy of Management Review*, Vol. 40 (2), S. 163–181

62 Vgl. Damann, G. (2007), a. a. O., S. 63

63 Vgl. Lee und Ashton (2005), a. a. O. sowie auch anschaulich Kuhn/Weibler (2020), S. 51 ff.

64 Vgl. Saß, H. et al. (2003): Diagnostisches und Statistisches Manual Psychischer Störungen – DSM-IV-TR, Göttingen, hier S. 751. Allerdings existiert kein Goldstandard der Messung, d. h. Narzissmus ist keine vollkommen eindeutig messbare Persönlichkeitsausprägung. Narzissmus ist auch nicht entweder vorhanden oder nicht vorhanden, sondern kennt in der Realität viele Abstufungen und Grautöne.

65 Darf man hier Adolf Hitler und die deutsche Generalität als historisches Beispiel aus der eigenen Geschichte bringen?

66 Hier in der Taschenbuchausgabe von 2013 (Kapitel 119, S. 714 bis 718, gekürzt).

67 Vgl. Chatterjee, A./Pollock, T. (2017): Master of Puppets. How Narcissistic CEOs Construct Their Professional Worlds. In: *Academy of Management Review*, Vol. 42 (4), S. 703-725; Hambrick, D./Mason, P. (1984): Upper Echolons: The Organization as a Reflection of Its Top Managers. In: *Academy of Management Review*, Vol. 9 (2), S. 193–206

68 Vgl. Chatterjee, A./Hambrick, D. (2011): Executive Personality, Capability Cues, and Risk Taking: How Narcissistic CEOs React to their Successes and Stumbles. In: *Administrative Science Quarterly*, Vol. 56 (2), S. 202-237 oder Gupta, A./Nadkarni, S. & Mariam, M. (2019): Dispositional Sources of Managerial Discretion: CEO Ideology, CEO Personality, and Firm Strategies. In: *Administrative Science Quarterly*, Vol. 64 (4), S. 855–893

69 Vgl. Ahsan, M. (2017): The Right People at the right Time. The Place Does Not Matter. In: *Academy of Management Review*, Vol. 42 (1), S. 145–148

70 Vgl. Heidbrink, M./Berg, V./Feltes, F. (2021): Die Jungbullen kommen. In: *Harvard Business Manager*, 23. Jg., Nr. 5, S. 39-53. Nach Angaben der Verfasser handelt es sich hierbei zugleich um die weltweit größte Studie zu diesem Thema.

71 Ein weiteres Symptom ist ein chronisches Beleidigtsein. So hat Ex-Kanzler Helmut Kohl dem einstigen Tagesthemenchef der ARD, Ulrich Wickert, nach einem verpatzten TV-Auftritt sein Leben lang kein einziges Interview mehr gegeben.

72 Vgl. Palmer, J./Holmes, R. & Perrewe', P. (2020): The Cascading Effects of CEO Dark Triad Personality on Subordinate Behavior and Firm Performance, in: *Group & Organization Management*, Vol. 45 (2), S. 143-180. Oder Andersson, L./Pearson, C. (1999): Tit for Tat? The Spiraling Effect of Incivility in the Workplace. In: *Academy of Management Review*, Vol. 24 (3), S. 452–471

73 Vgl. Coutu, D. (2004): Putting Leaders on the Coach. A Conversation with Manfred Kets de Vries. In: Harvard Business Review, 82. Jg., Nr. 1, S. 65-71. Dieses Interview ist hochspannend. Beleuchtet wird auch die Karriere erfolgreicher Frauen. Diese sind demnach des Vaters „best son", also quasi Ersatz für den nichtgeborenen Sohn. Beispiele dieser These sind Frauen mit starken Vätern ohne Söhne: Angela Merkel, die Schachweltmeisterin Judith Polgar (der Vater war ein ungarischer Großmeister) oder auch Tennisstar Serena Williams, die vom Vater zusammen mit ihrer Schwester Venus an die Spitze der Weltrangliste gecoacht wurde.
Sehr interessant dazu auch Kets de Vries, M. (1998): Führer, Narren und Hochstapler. Essays über die Psychologie der Führung, Stuttgart, S. 82 ff.

74 Vgl. Brummelmann, E./Nevicka, B. und O'Brien, J. (2021): Narcissism and Leadership in Children. In: *Psychological Science*, Vol. 32 (3), S. 354–363

75 Russell, B. (2001): Macht, Hamburg/Wien, S. 10

76 https://www.wienerzeitung.at/nachrichten/wirtschaft/oesterreich/987105_Verweildauer-an-Firmenspitze-sinkt-auf-62-Jahre.html

77 Vgl. McClelland, D.C./Burnham, D.H. (2003): Power is the Great Motivator. In: *Harvard Business Review*, Vol. 81, S. 117–126. Schön hier der Kernsatz: „The affiliative manager wants to stay on good terms with everybody and, therefore, is the one most likely to make exceptions for particular needs". Die Autorensagen auch klar: „Managers can change their styles!" (S. 124). Im Original 1976. Interessant ist auch Wink, P. (1991): To Faces of Narcissism. In: *Journal of Personality and Social Psychology*, Vol. 61, S. 590-597 und Howell, J. (1988):

Two Faces of Charisma: Socialized and Personalized Leadership in Organizations. In: Conger, J./Kanungo, R. (Hrsg.): Charismatic Leadership, Oxford, S. 213–236; hier S. 216 f.

78 Zum Vorhergehenden Howell, J.M (1988), a. a. O., S. 217. Oder auch Winter, D.G.: The Motivational Dimensions of Leadership: Power, Achievement, and Affiliation. In: Riggio, R./Murphy, S./Pirozzolo, F. (Hrsg.): Multiple Intelligences and Leadership, Mahwah/London 2002, S. 124 f.

79 Vgl. Shellenberger, S. (2018): The Best Bosses are Humble Bosses. In: *Wall Street Journal*, 09.10.2018, https://tinyurl.com/yd83w33t (letzter Zugriff: 16.10.2020)

80 Vgl. Solomon, C. (1992): Ethics and Excellence. Cooperation and Integrity in Business, New York/Oxford. Im Original: „a pervasive trait of character that allows one to fit into a particular society, even to excel in it".

81 Hier zitiert nach Vera, D./Rodriguez-Lopez, A. (2004): Strategic Virtues. In: *Organizational Dynamics*, Vol. 33 (4), S. 394 f. oder https://doi.org/10.1016/j.orgdyn.2004.09.006

82 Morgan, J. (2020): The Future Leader, Hoboken, S. 14

83 Vgl. Sutton, R. (2008): Der Arschlochfaktor. Vom geschickten Umgang von Aufschneidern, Intriganten und Despoten im Unternehmen. 3. Aufl., München

84 Vgl. Vera, D./Rodriguez-Lopez, A. (2004), a. a. O., S. 395

85 Immer noch nicht ausreichend erforscht ist die Frage, wie man Demut in Führungskräften oder auch normalen Mitarbeitern *messen kann*. Vor allem steht noch kein validiertes Messinstrument oder auch nur eine ausreichend geprüfte Skala verschiedener Demutsdimensionen zur Verfügung. Dass wir beides noch nicht haben, hat natürlich mit der erforderlichen subjektiven Einschätzung von Demut durch andere sowie mit dem komplizierten, eben mehrschichtigen Konstrukt Demut zu tun. Oder mit den Worten von Comte-Sponville (2001): „Humility is a humble virtue so much so that it even doubts its own Virtuessnes" (übersetzt etwa: Demut ist so sehr eine bescheidene Tugend, dass sie sogar ihre eigene Tugend bezweifelt).
Wirklich bescheidene Menschen würden sich wahrscheinlich eher selten als besonders bescheiden einschätzen. Daher dürften Selbsteinschätzungs-Fragebögen hier nicht wirklich weiterhelfen. Ein interessanter Ansatz liegt diesbezüglich von Rowatt et al. (2002) vor. Diese operationalisieren *Demut als die Größe des Unterschiedes zwischen der Selbstwahrnehmung und der Einschätzung anderer im direkten Abgleich*. Man kann hier argumentieren, dass eine systematische Überschätzung des eigenen Selbstwertes auf eine geringe Demut der Person hindeutet.

86 Vgl. sehr fruchtbar den Überblicksartikel von Morris et al. (2005).

87 Becker, E.-M. (2015): Der Begriff der Demut bei Paulus, Tübingen

88 Ritter, J./Gründer, K./Gabriel, G./Schütz, W. (2017): Historisches Wörterbuch der Philosophie online

89 Langton, R. (2004): Kantian humility: Our ignorance of things in themselves. Oxford Scholarship Online. Oxford: Oxford Univ. Press.

90 Kant, I. (1803): Über Pädagogik. Bemerkungen aus den über diesen Gegenstand bei der Universität mehrmals gehaltenen Vorträgen, Königsberg

91 Fontane, T. (2019): „Der Stechlin", Kap. 29

92 Roberts, R./Wood, W. (2003): Humility and Epistemic Goods. In: DePaul, M./Zagzebski, L. (Eds.): Intellectual Virtue. Oxford University Press, S. 257–280 https://doi.org/10.1093/acprof:oso/9780199252732.003.0012

93 „... when it is opposed to impudence and arrogance, and expresses a diffidence of our own judgement, and a due attention and regard for others ... *by preserving their ears open to instruction, and making them still grasp after new attainments*".
Hume, D (1912): An Enquiry Concerning the Principles of Morals; Section VIII

94 Knischek, S. (2009): Lebensweisheiten berühmter Philosophen: 4000 Zitate von Aristoteles bis Wittgenstein, 10. Aufl., Humboldt Verlag – Reihe Information und Wissen.

95 Ritter, J./Gründer, K./Gabriel, G./Schütz, W. (2017): Historisches Wörterbuch der Philosophie online. Basel

96 Owens, B./Johnson, M./Mitchell, T. (2013): Expressed Humility in Organizations. In: *Organization Science*, Vol. 24 (5), S. 1517–1538, hier S. 1519 f. Von diesem Autorenteam stammt auch die derzeit aussagekräftigste Skala zur konkreten Messung von Demut: der *Expressed Humility Scale*.

97 Ou, A./Waldman, D./Peterson, S. (2015): Do Humble CEOs Matter? In: *Journal of Management*, DOI: 10.1177/0149206315604187

98 Vgl. Güth, W./Schmittberger, R./Schwarze, B. (1982): An Experimental Analysis of Ultimatum Bargaining. In: *Journal of Economic Behavior and Organization*, Vol. 3 (4), S. 367-388

99 Der Ausgang dieses Experiment variiert über die Kontinente. In anderen interkulturellen Zusammenhängen stellt sich ein anderes Gleichgewicht ein. So ist in Asien üblicherweise von einem höheren Autoritätsgefälle auszugehen, so dass Person B schon einen deutlich niedrigeren Geldbetrag akzeptiert. In egalitären Ländern wie Schweden oder der Schweiz muss Spieler A dem B mindestens einen in etwa gleichgroßen Betrag zubilligen.

100 Vgl. Eva, Nathan et al. (2019): Servant Leadership: A systematic review and call for future research. In: *The Leadership Quarterly*, Vol. 30., S. 111–132

101 Ich folge in meinem Bericht dem Essay „Irrfahrt im ewigen Eis" von Klaus Bachmann. In: *GEO Epoche* Kollektion Die großen Entdecker (2016), S. 162–179. Spezieller auf den beeindruckenden Führungsstil des Entdeckers geht ein Morrell, M./Capparell, S. (2020): Shackletons Führungskunst. Was Manager von dem großen Polarforscher lernen können, 14. Aufl., Hamburg.

102 Vgl. Cropanzano, R./Mitchel, M. (2005): Social Exchange Theory: An Interdisciplinary Review. In: *Academy of Management*, Vol. 31 (6), S. 874–900. Das Pionierwerk stammt von Blau, P. (1964): Exchange and Power in Social Life, Hoboken

103 Vgl. Palmer, J./Holmes, R./Perrewe', P. (2020): The Cascading Effects of CEO Dark Triad Personality on Subordinate Behavior and Firm Performance. In: *Group & Organization Management*, Vol. 45 (2), S. 143-180, hier S. 144 f. Dass Menschen reziprok handeln, ist wohl schlicht der Tatsache geschuldet, dass es in unserem Leben häufig nicht um einmalige Ereignisse geht, sondern man eben vielen Personen wiederholt begegnet (in Organisationen sowieso). Oder mit den Worten von Kevin Dutton: „Wäre die Summe der menschlichen Existenz eine endlose Folge von nachts aneinander vorbeifahrenden Schiffen, dann hätten die Psychopaten unter uns tatsächlich recht. Dutton (2013), a. a. O., S. 115

104 Vgl. Grijalva et al. (2019) oder auch van Scotter, J./Roglio, K. (2018).
Diesen Gedanken kann man auch auf eine höhere Ebene verlagern – nämlich unser kapitalistisches Wirtschaftssystem insgesamt. Wenn das Unternehmen sich nicht mehr für den einzelnen interessiert und alle betrieblichen Aspekte kühl ökonomisiert, dann verhalten sich die Beschäftigen letztlich

genauso. Kein Wunder, dass es zu innerer Kündigung und emotionaler Distanzierung kommt. Am Ende erscheinen so auch viele Führungskräfte eher als eigene Ich-AG.

105 Vgl. Crossman, J./Doshi, V. (2015): When not knowing is a Virtue. In: *Journal of Business Ethics*, Vol. 131 (1), S. 1–8. Ein rundum gelungenes Portrait dieses Demutsstils liefert Badaracco, J. (2002): Leading quietly. An Unorthodox Guide to Doing the Right Thing, Boston

106 Glassdoor (2018) Glassdoor Study Reveals What Job Seekers Are Really Locking for. July 25, 2018. https://www.glassdoor.com/employes/blog/salary-benefits-survey/

107 Die direkten und indirekten Effekte von Vertrauen (entstanden z. B. über einen betont partizipativen Führungsstil) sind hinreichend nachgewiesen. Vgl. Cheonga, M. et al. (2019) oder Weibler, J. (2021)

108 Vgl. Owens, B./Johnson, M./Mitchell, T. (2013), a. a. O.

109 Zitiert aus Zotz, V. (2000): Konfuzius, Hamburg, S. 66

110 Bodo Janssen hat zwei inspirierende, themenverwandte Bücher geschrieben: Die stille Revolution (10. Aufl. 2016) sowie mit dem Benediktiner-Pater Anselm Grün: Stark in stürmischen Zeiten (5. Aufl. 2017). 2021 ist zudem erschienen: Eine Frage der Haltung. Wie wir Krisen besser bewältigen. Auch Götz Werner ist inzwischen als Buchautor tätig gewesen. Selbst Dirk Rossmann verfasst nun Bücher – allerdings Romane.

111 Vgl. sein Interview in der Zeitschrift *Personalführung* (2021), Nr. 11, S. 46 f.

112 Vgl. Vera, D. und Rodriguez-Lopez, A. (2004), a. a. O., S. 395 oder auch Owens, B./Hekman, D. (2012): Modeling How to Grow: An Inductive Examination of Humble Leader Behaviors, Contingencies, and Outcomes. In: *Academy of Management Journal*, Vol. 55 (4), S. 787–818

113 Eng verwandte Schulen sind die von Fred Luthans mitbegründete Positive Organizational Behavior Group (POB) sowie die Positive Organizational Scholarship Group (POS) der Universität Michigan.

114 Einfacher zugänglich ist Seligman, M. (2010): Der Glücks-Faktor. Warum Optimisten länger leben, 7. Aufl., Köln.

115 „Learning to think in interpersonal and group process terms becomes a foundational building block of Humble Leadership“ Und weiter: „That implies even learning from the performance arts, where process is crucial to successful performance, as well as broadening our criteria of „success“ or „winning“ to include more qualitative criteria such as „total system performance“ or „effective adaptive learning“.
Schein, E./Schein. P. (2018): Humble Leadership. The Power of Relationships, Openness and Trust, Oakland, hier S. 117

116 Vgl. Cho, J. et al. (2020): How and when Humble Leadership facilitates Employee Job Performance: The Roles of Feeling Trusted and Job Autonomy. In: *Journal of Leadership & Organizational Studies*, Vol. 28 (2), S. 169–184, auch unter https://DOI 10.1177/1548051820979634

117 Owens, B. P./Johnson, M. D. und Mitchell, T. (2013): Expressed Humility in Organizations: Implications for Performance, Teams, and Leadership. In: *Organization Science*, Vol. 24 (5), S. 1517–1538 sowie Ren, Q./Xu, Y. et al. (2020): Can CEO's Can CEO's Humble Leadership Behavior Really Improve Enterprise Performance and Sustainability? A Case Study of Chinese Start-Up Companies. In: *Sustainability*, Vol. 12. Doi: 10.3390/su12083168. Oder auch Ding, H./Yu, E. et al. (2020): Humble Leadership Affects Organizational Citizenship Behavior: The Sequential Mediating Effect of Strengths Use and Job Crafting. In: *Frontiers in Psychology*, Vol. 11, Article 65

118 Oc, B. et al. (2019): Humility reads authenticity: How authentic leader humility shapes follower vulnerability and felt authenticity. In: *Organizational Behavior and Human Decision Processes*, Vol. 158, S. 112–125

119 Mudassar, A. et al. (2020): Linking Humble Leadership and Project Success: The Moderating Role of Top Management Support with Mediation of Team-Building. In: *International Journal of Managing Projects in Business*, Vol. 14 (3), S. 545-562; Hu, J./Erdogan, B./Jiang, K./Bauer, T. N./Liu, S. (2018): Leader Humility and Team Creativity. In: *The Journal of Applied Psychology*, Vol. 103 (3), S. 313–323. Ding, H./Chu, X. (2020): Employee Strengths Use and Thriving at Work: The Roles of Self-Efficacy and Perceived Humble Leadership. In: *Journal of Personnel Psychology*, Vol. 19 (4), S. 197-205; Mao, J. et al. (2018): Growing Followers: Exploring the Effects of Leader Humility on Follower Self-Expansion, Self-Efficacy, and Performance. In: *Journal of Management Studies*, Vol. 56 (2), 343–371. https://doi.org/10.1111/joms.12395; Owens, B./Hekman, D. (2016): How Does Leader Humility Influence Team Performance? In: *Academy of Management Journal*, Vol. 59, S. 1088–1111

120 Kofman, F./Senge, P. (1999): Communities of Commitment: The Art of Learning Organizations, in: *Organizational Dynamics*, S. 5-23 ; Ou, A./Tsui, A./Kinicki, A. (2014): Humble Chief Executive Officers' Connections to Top Management Team Integration and Middle Managers' Responses. In: *Administrative Science Quarterly*, Vol. 59 (1), S. 34-72; sowie früh schon Weiss, H./Knight, P. (1980): The Utility of Humility. Self-esteem Information Search, a problem-solving efficiency. In: *Organizational Behavior and Human Performance*, Vol. 25, S. 216–223

121 Hackman, J.R./Oldham, G. (1976): Motivation through the design of work, in: *Organizational Behavior and Human Performance*, 16. Jg., S. 250–279. Und auch von der Oelsnitz, D. (2014): Die frustrierende Organisation: Ungeschicktes Job Design und forcierte Entfremdung. In: von der Oelsnitz, D./Schirmer, F./Wüstner, K. (Hrsg.): Die auszehrende Organisation, Wiesbaden, S. 89–112

122 Vgl. Ou, A./Waldman, D./Peterson, S. (2015): Do Humble CEOs Matter? In: *Journal of Management*, DOI: 10.1177/0149206315604187

123 Vgl. mit einer aktuellen Forschungsquelle Frank, F., a. a. O., S. 190.

124 Vgl. Smith, I./Kouchaki, M. (2018): Moral Humility: In Life and at Work. In: *Research in Organizational Behavior*, Vol. 88, S. 77–94

125 Siehe a. a. O. S. 82

126 Vgl. dazu Edmondson, A. (2011): Strategies for Learning from Failure. In: *Harvard Business Review*, Vol. 89 (4), S. 48–55

127 Ingraham, C. (2018): Your Boss Has a Huge Effect on Your Happiness, Even When You're Not in the Office. Washington Post, October 9, 2018 https://www.washingtonpost.com/business/2018/10/09/your-boss-has-huge-effect-your-happiness-even-when-youre-not-office/?utm_term=352176c17846.

128 Vgl. Collins, J. (2001): Good to great, New York. Oder auch: Collins, J. (2001): Level 5 Leadership: The Triumph of Humility and Fierce Resolve, in: *Harvard Business Review*, Vol. 79 (1), S. 67–77. Hier S. 69

129 Vgl. Frank, F. (2020): Mit Demut zum Erfolg, Wiesbaden, S. 15 f.

130 Vgl. Frank, F., a. a. O., S. 71 ff.

131 Vgl. dazu Yuan, L./Zhang, L./Tu, Y. (2018): When a Leader is seen as too humble. In. *Leadership & Organization Development Journal*, Vol. 39 (4), S. 468–481.

132 Zu den Folgen für die unmittelbare Mitarbeiterführung vgl. aktuell Campos-Moreira, L. et al. (2020): Making a Case for Culturally Humble Lea-

dership Practices through a Culturally Responsive Leadership Framework. In: *Human Service Organizations Management, Leadership & Governance*, Vol. 44 (5), S. 407–414

133 Hartnäckig hält sich die These, dass charismatische Führerschaft hoch korreliert mit Narzissmus sei. Durch diverse Studien konnte aber gezeigt werden, dass lediglich die *personalisierte* charismatische Herrschaft (p-Macht) hoch mit Narzissmus korreliert war. Auf die „sozialisierten" Leader mit s-Macht traf dies nicht zu. Vgl. Popper et al. (2000): Narcissism and attachment patters of personalized and socialized Charismatic Leaders. In: *Journal of Social and Personal Relationships*, Vol. 19 (6), S. 797-809

134 Vgl. Kets de Vries, M.F. (1998): Führer, Narren und Hochstapler, Stuttgart, S. 19 ff.

135 Ähnlich Antonakis, J./Fenley, M./Liechti, S. (2011): Can Charisma be Taught? Tests of two Interventions. In: *Academy of Management Learning & Education*, Vol. 10 (3), S. 374–396.
Charisma ist demnach „values-based, symbolic and emotion-laden leader signaling".

136 Vgl. Redelheimer, D./Singh, S. (2001): Social status and Life expectancy in an Advantaged Population. A study of Academy award-winning actors. In: *Annals of Internal Medicine*, 134, S. 5–21, hier S. 6

137 Morgan, J. (2020) The Future Leader, New Jersey, S. 52

138 Workers Value Meaning at Work. Studie von Better Up unter https://www.betterup.com/press/workers-value-meaning-at-work-new-research-from-betterup-shows-just-how-much-theyre-willing-to-pay-for-it

139 Siehe beispielsweise Frankl, V. (1982): Ärztliche Seelsorge. Grundlagen der Logotherapie und Existenzanalyse, Wien/Frankfurt a. M. Oder den weltberühmten Klassiker Frankl, V.: Man's Search for Meaning. An Introduction to Logotherapy, New York

140 Ausführlicher zur Logotherapie und ihrer Anwendungsmöglichkeiten als präventive Maßnahme siehe Eickhölter, J. (2014): Die helfende Organisation: Workplace Counselling – psychotherapeutische Zugänge und Handlungsansätze. In: Oelsnitz, D. von der; Schirmer, F.; Wüstner, K. (Hrsg.): Die auszehrende Organisation. Leistung und Gesundheit in einer anspruchsvollen Arbeitswelt, Wiesbaden, S. 293-318

141 Exemplarisch die Definition der International Positive Psychology Association (IPPA): „Positive psychology is the scientific study of what enables indiduals and communities to thrive". Vgl. psycho mentalis- Glossar: www.psychomentalis.de.

142 Vgl. Seligman, M. (2010): Der Glücks-Faktor. Warum Optimisten länger leben, 7. Aufl., Köln, S. 14 f.

143 a. a. O., S. 20 f.

144 Vgl. Böckmann, W. (1980): Sinn-orientierte Leistungsmotivation und Mitarbeiterführung. Zum Sinn-Problem der Arbeit, Stuttgart, hier S. 92

145 Er *hat nicht zu fragen, er ist vielmehr der vom Leben her* Befragte, *der dem Leben zu antworten hat.* Vgl. Frankl, V. (1984): Man's search for meaning, New York. Als Einstieg in sein Werk empfehle ich Ihnen seine Textsammlung *Der Mensch vor der Frage nach dem Sinn* (2007, derzeit in der 30. Auflage!). Im Rahmen eines größeren Forschungsprojekts zum Themenbereich persönliches Sinnerleben und unternehmerisches Handeln entwickelten wir vor einigen Jahren an unserem Institut an der TU Braunschweig eine Trainingsintervention zum Thema Sinnerleben für Studierende. Kern des Trainings war eine achtwöchige Tagebuchphase, während der die Teilnehmer

täglich Angaben zum Sinnerleben, zu positiven und negativen Emotionen sowie zum Ausmaß ihres gezeigten proaktiven Verhaltens im Studium oder in der Freizeit machten. Proaktivität ist notwendig, um organisationale Veränderungen voranzutreiben und somit ein entscheidender Faktor in Innovationsprozessen. Vgl. dazu von der Oelsnitz, D./Becker, J. (2017): Sinnerfülltes Arbeiten. Die Basis von Initiative und Wohlbefinden. In: *Zeitschrift für Führung + Organisation*, 86. Jg., Nr. 1, S. 4–9

146 Der Hlg. Benedikt wurde um 480 in Italien geboren. Um 529 gründete er die Abtei Montecassino bei Neapel, die heute als Stammkloster des Benediktinerordens gilt.

147 Im Englischen ergibt sich aus den Anfangsbuchstaben PERMA, dementsprechend ist vom PERMA-Modell die Rede. Vgl. Seligman, M. (2011): Flourish. Wie Menschen aufblühen, 3. Aufl., München, S. 32 ff.

148 Vgl. Seligman, M., a. a. O., S. 40

149 Sein eigenes Schicksal hat er 1946 in dem Buch *Ein Psycholog erlebt das KZ* beschrieben. Heute trägt es den Titel *Trotzdem Ja zum Leben sagen.* Frankl betonte immer wieder die überragende Wichtigkeit der eigenen inneren Einstellung und bezeichnete dies als „Stellungnahme gegenüber dem Schicksal".

150 Vgl. Seligman, M., a. a. O., S. 49

151 Die Kroaten waren im 2. Weltkrieg mit den Deutschen verbündet und kämpften mit der Wehrmacht gegen die Serben, die es eher mit den Russen hielten. Die Sieger machen die Justiz, die Kroaten mussten fliehen.

152 Vgl. auch Argandona, A. (2015): Humility in Management. In: *Journal of Business Ethics*, Vol. 132, S. 69

153 Mintzberg, H. (2005): Managers not MBAs. A Hard Look at the Soft Practice of Managing and Management development, London/San Francisco, S. 75. Man bedenke, dass das englische Wort „administration" (i. S. v. Regierung) sich aus dem lateinischen „ministrare" ableitet. Das bedeutet so viel wie (be) dienen oder helfen. Man erkennt das auch noch im verwandten Begriff „Minister".

154 Dieser Steckbrief folgt der großartigen Biographie von John P. Kotter (1997): Matsushita. Der erfolgreichste Unternehmer des 20. Jahrhunderts, Wien/Frankfurt a. M. Vgl. auch von der Oelsnitz (2014): Konosuke Matsushita. In: Das Wirtschaftsstudium, 43. Jg., Nr. 8/9, S. 998 f.

155 Er erzählt seine Wandlung vom Hallodri auf St. Pauli zum seriösen Hotelchef in: Die stille Revolution, München (2016).

156 Vgl. Suzman, J. (2021): S. 154 f.

157 Vgl. dazu auch die Diskussion beim Leadership-Papst Warren Bennis. In: Bennis, W./Nanus, W. (1992): Führungskräfte, 5. Aufl., Frankfurt a. M., S. 200 f. Auf dieser Linie argumentiert letztlich auch die Schule des *Positiven Organisationalen Verhaltens* (POB).

158 Oder eine meiner Lieblingsweisheiten – mit den Worten des Philosophen Karl Jaspers (1883-1969): „Die Zukunft ist als Raum der Möglichkeiten der Raum unserer Freiheit".

159 Vgl. Russell, B. (2001): Macht, Hamburg/Wien, S. 14

160 Neuberger, O. (1997): Zur Verkommenheit der Manager – Pathologien der Individualisierung. In: Scholz, C. (Hrsg.): Individualisierung als Paradigma, Stuttgart, S. 135–158, hier S. 153

161 Coutu, D. (2004): Putting Leaders on the Coach. A Conversation with Manfred Kets de Vries. In: *Harvard Business Review*, Vol. 82 (1), S. 68

162 Vgl. Kuhn, T./Weibler, J. (2012): Führungsethik in Organisationen, S. 61

163 Vgl. Kuhn, T./Weibler, J., a. a. O., S. 63–65
164 Das Experiment ist in dem fantastischen Thriller „I wie Ikarus“ mit Yves Montand unter der Regie von Henri Verneuil szenisch nachzuerleben. Zu einer genaueren Versuchsbeschreibung vgl. Kuhn/Weibler (2020), S. 88–92 sowie im Original Milgram, S. (2004): Das Milgram-Experiment. Zur Gehorsamsbereitschaft gegenüber Autorität, 14. Aufl. Reinbeck. Als Paper: Milgram, S. (1963): Behavioral Study of Obedience. In: *Journal of Abnormal and Social Psychology*, Vol. 67 (4), S. 371–378
165 Vgl. dazu sehr lesenswert Proff, I. (2021): Weltreisende in Sachen Gehorsam. In: *Gehirn & Geist*, Nr. 12, S. 56–58
166 Dementsprechend kamen Padilla und Kollegen auf Basis einer gründlichen Literaturanalyse auch zu dem Schluss, dass ein destruktiver Führungsstil und charismatische Führungspersonen miteinander korrelieren. Zwar bedeutet dies nicht, dass alle charismatischen Vorgesetzten destruktive Führer sein *müssen*; aber eben doch auch, dass die allermeisten destruktiven Vorgesetzten ihre Persönlichkeit auf der Grundlage eines besonderen Charismas ausleben können. Vgl. Padilla, A./Hogan, R./Kaiser, R. (2007): The Toxic Triangle: Destructive Leaders, Susceptible Followers, and Conductive Environments. In: *Leadership Quarterly*, Vol. 18 (3), S. 176–194
167 Konformität existiert in zwei Spielarten. Dominieren innere Übereinstimmungen des Geführten mit den Zielen, Werten und Mitteln des Vorgesetzten bzw. der Institution insgesamt, spricht man von *Einstellungskonformität*. In diesem Fall kommt eine Person gar nicht erst auf den Gedanken, zu widersprechen; Soldaten in Feindesland oder auch besonders überzeugte Parteianhänger mögen ein Beispiel sein. Eine solche „Mittäter“-Beziehung ist aufgrund der inneren Überzeugung sehr stabil, vielleicht gar nicht revidierbar. Daneben existiert eine äußere oder auch *Anpassungskonformität*. Hier ist man vielleicht nicht derselben Meinung, aber traut sich schlicht nicht, zu widersprechen. Der Gehorsam ist hier oberflächlicher, d. h. die Mitläufer wären in diesem Fall leichter wieder in ein ethisch korrektes Verhalten zu versetzen. Es mag z. B. reichen, den Abteilungsleiter auszutauschen, um wieder zur Anständigkeit zurückzukehren. Das setzt allerdings wiederum eine ethikbewusste Chefetage voraus…
168 „There are leaders and there are those who lead. Leaders hold a position of power or influence. Those who lead inspire us. Whether individuals or organizations, we follow those who lead not because we have to, but because we want to.“ Sinek, S./Mead, D./Docker, P. (2009): Start with Why: How Great Leaders inspire everyone to take Action, New York
169 Vgl. Kellerman, B. (2004): Bad Leadership. What it is, how it happens, why it matters. Boston; Kelley, R. (1992): The power of followership: How we create Leaders people want to follow and Followers who lead themselves, New York
170 Vgl. Thoroughgood, C. et al. (2012): The Susceptible Circle: A Taxonomy of Followers associated with Destructive Leadership. In: *Leadership Quarterly*, Vol. 23 (5), S. 897–917
171 In leichter Abwandelung von Kuhn, T./Weibler, J. (2020): Bad Leadership. Warum uns schlechte Führung oftmals gut erscheint und es guter Führung häufig schlecht ergeht, München, hier S. 95
172 Vgl. dazu Padilla, A./Hogan, R./Kaiser, R. a. a. O., hier S. 179
173 Vgl. hierzu insbesondere Edmondson, A. (2020): Die angstfreie Organisation, München
174 Aber Vorsicht, wieder eine Frage des Maßes: Eine unreflektierte Erhöhung der psychologischen Sicherheit kann auch negative Effekte nach sich ziehen.

Die Gruppenforscher Matthew Pearsall und Aleksander Ellis (2011) konnten zeigen, dass ein „zu viel“ an psychologischer Sicherheit zu Verstößen gegen soziale Gruppenregeln führen und ein betrügerisches, täuschendes Verhalten fördern kann. Dies war dann der Fall, wenn von den Teammitgliedern keinerlei Sanktionen oder negative Konsequenzen wegen ihres egoistischen Fehlverhaltens befürchtet wurden. Unethische Verhaltensweisen erschienen plötzlich naheliegender. Siehe dazu auch Weibler, J. (2020): Führungsaufgabe „Psychologische Sicherheit“. Online unter: https://www.leadership-insiders.de/fuehrungsaufgabe-psychologische-sicherheit/

175 Das ist nicht verwunderlich, da es bei Google häufig um die Hervorbringung radikaler Innovationen geht, die zugleich ein hohes Risiko des Scheiterns beinhalten (sog. Moonshots).

176 Vgl. Clark, T. (2019): The 4 Stages of Psychological Safety. Online verfügbar unter: http://adigaskell.org/2019/11/17/the-4-stages-of-psychological-safety/ Hilfreich ist hierzu auch Owens, B./Hekman, D. (2012).

177 Ich erzähle diese Geschichte in enger Anlehnung an Amy Edmondson (2020), S. 76–80

178 https://www.iwr.de/news/atomruine-fukushima-milliarden-kosten-auf-jahrzehnte-news33276

179 Meines Erachtens entwickelt sich Gleichmut konsequenterweise aus einer bescheiden-demütigen Grundhaltung.

180 Vgl. Edmondson, A. (2020), S. 94

181 Kets de Vries, M.F. (1998): Führer, Narren und Hochstapler. Essays über die Psychologie der Führung, Stuttgart, S. 114 f.

182 Vgl. Edmondson, A. (2020), S. 95

183 Ray Dalio hat über seinen Führungsstil ebenfalls ein Buch geschrieben, es trägt den Titel „Die Prinzipien des Erfolgs“. In diesem Buch betont er die drei Punkte, die ihm als Leader Orientierung angeblich nicht nur für sein Unternehmen, sondern auch für sein privates Leben bieten: Aufrichtigkeit, Transparenz und Lernen aus Fehlern.

184 Vermutlich werden v. a. die Betriebs- und Personalräte deutlich mehr zu tun bekommen; ebenso die Arbeitsgerichte. Auch die Branche der Mediatoren darf sich auf steigende Umsätze freuen.

185 Vgl. zu diesen Herausforderungen und den daraus folgenden Leitlinien postmoderner Führung v.d. Oelsnitz, D./Staiger, A.-M. (2017): Arbeit 4.0 – Führung und Organisation im digitalen Wandel. In: Schwuchow, K./Gutmann, J. (Hrsg.): HR-Trends 2018, Freiburg, S. 258–267

186 Vgl. The State of Moral Leadership in Business Report 2020. LRN (Dov Seidman).
https://thehowinstitute.org/the-state-of-moral-leadership-in-business-2020/
Und laut dem Wirtschaftsmagazin *Forbes* stimmen 62 % der Befragten der Aussage zu „Manager würden einen besseren Job machen, wenn sie sich auf moralische Autorität stutzen würden“. Erreichbar unter: https://www.forbes.com/sites/johnbaldoni/2018/04/12/how-to-deliver-moral-leadership-to-employees/(letzter Zugriff: 23.11.2021)

Literaturverzeichnis

Ahsan, M. (2017): The Right People at the right Time. The Place Does Not Matter, In: *Academy of Management Review*, Vol. 42 (1), S. 145–148

Alvares de Souza Soares, P. et al (2014): Harte Hunde, in: *Manager Magazin*, Nr. 10, S. 125–130

Ancona, D./Malone, T. et al. (2007): In Praise of the Incomplete Leader. In: *Harvard Business Review*, Vol. 85 (2), S. 92–103.

Andersson, L./Pearson, C. (1999): Tit for Tat? The Spiraling Effect of Incivility in the Workplace. In: *Academy of Management Review*, Vol. 24 (3), S. 452–471

Antonakis, J./Fenley, M./Liechti, S. (2011): Can Charisma be Taught? Tests of Two Interventions, in: *Academy of Management Learning & Education*. In: Vol. 10 (3), S. 374–396

Argandona, A. (2015): Humility in Management. In: *Journal of Business Ethics*, Vol. 132, S. 63–71

Avolio, B./Sosik, J. et al. (2014): E-Leadership: Re-examining Transformations in Leadership Source and Transmission. In: *The Leadership Quarterly*, Vol. 25 (2), S. 105–131. Erreichbar unter https://doi.org/10.1016/j.leaqua.2013.11.003 https://doi.org/10.1016/j.leaqua.2013.11.003

Babiak, P./Hare, R. (2006): Snakes in Suits. When Psychopaths Go to Work, Boston

Bachmann, K. (2016): „Irrfahrt im ewigen Eis". In: GEO Epoche – Kollektion Die großen Entdecker, S. 162–179

Badaracco, J. (2002): Leading quietly. An Unorthodox Guide to Doing the Right Thing, Boston

Baptista, J. et al. (2020): Digital Work and Organizational Transformation: Emergent digital/human work configurations in modern Organizations. In: *The Journal of Strategic Information Systems*, 101618

Bauer, J. (2013): Arbeit. Warum unser Glück von ihr abhängt und wie sie uns krankmacht, München

Becker, E.-M. (2015): Der Begriff der Demut bei Paulus, Tübingen

Bennis, W./Nanus, W. (1992): Führungskräfte, 5. Aufl., Frankfurt a. M.

Blake, R./Mouton, J. (1980): Verhaltenspsychologie im Betrieb, Düsseldorf/Wien

Blau, P. (1964): Exchange and Power in Social Life, New York

Boddy, C. (2011a): The Corporate Psychopaths Theory of the Global Financial Crisis. In: *Journal of Business Ethics*, Vol. 102 (2), S. 255–259. https://doi.org/10.1007/s10551-011-0810-4

Boddy, C. (2011b): Corporate Psychopaths, Bullying and Unfair Supervision in the Workplace. In: *Journal of Business Ethics*, Vol. 100 (3), S. 367–379

Boddy, C. (2014): Corporate Psychopaths, Conflict, Employee Affective Well-being and Counterproductive Work Behaviour. In: *Journal of Business Ethics*, Vol. 121 (1), S. 107–121

Böckmann, W. (1980): Sinn-orientierte Leistungsmotivation und Mitarbeiterführung. Zum Sinn-Problem der Arbeit, Stuttgart

Brummelmann, E./Nevicka, B. und O'Brien, J. (2021): Narcissism and Leadership in Children, In: *Psychological Science*, Vol. 32 (3), S. 354–363

Burisch, M. (2010): Das Burnout-Syndrom, 4. Aufl., Heidelberg

Campos-Moreira, L. et al. (2020): Making a Case for Culturally Humble Leadership Practices through a Culturally Responsive Leadership Framework. In: *Human Service Organizations Management, Leadership & Governance,* Vol. 44 (5), S. 407–414

Chatterjee, A./Hambrick, D. (2011): Executive Personality, Capability Cues, and Risk Taking: How Narcissistic CEOs React to Their Successes and Stumbles. In: *Administrative Science Quarterly*, Vol. 56 (2), S. 202–237

Chatterjee, A./Pollock, T. (2017): Master of Puppets. How Narcissistic CEOs Construct Their Professional Worlds. In: *Academy of Management Review*, Vol. 42 (4), S. 703–725

Cheonga, M./Yammarino, F. et al. (2019): A Review of the Effectiveness of Empowering Leadership. In: *The Leadership Quarterly*, Vol. 30 (1), S. 34–58

Cho, J. et al (2020): How and when Humble Leadership facilitates Employee Job Performance: The Roles of Feeling Trusted and Job Autonomy. In: *Journal of Leadership & Organizational Studies*, Vol. 28 (2), S. 169–184. Auch unter: https://DOI 10.1177/1548051820979634

Ciulla, J. (2009): Leadership and the Ethics of Care. In: *Journal of Business Ethics*, Vol. 88 (1), S. 3–4

Clark, T. (2019): The 4 Stages of Psychological Safety. Erreichbar unter: http://adigaskell.org/2019/11/17/the-4-stages-of-psychological-safety/(letzter Zugriff 14.10.2021)

Collins, J. (2001): Level 5 Leadership: The Triumph of Humility and Fierce Resolve. In: *Harvard Business Review*, Vol. 79 (1), S. 67–77

Comte-Sponville, A. (2001): A small Treatise on the Great Virtues, New York

Coutu, D. (2004): Putting Leaders on the Coach. A Conversation with Manfred Kets de Vries, In: *Harvard Business Review*, Vol. 82 (1), S. 65–71

Cropanzano, R./Mitchel, M. (2005): Social Exchange Theory: An Interdisciplinary Review. In: Academy of Management, Vol. 31 (6), S. 874–900

Crossman, J./Doshi, V. (2015): When not knowing is a Virtue. In: *Journal of Business Ethics*, Vol. 131 (1), S. 1–8

Dalio, R. (2019): Die Prinzipien des Erfolgs, FinanzBuch Verlag, München

Dammann, G. (2007): Narzissten, Egomanen, Psychopathen in der Führungsetage. Bern.

De Luce, I. (2019): „Researchers Studied the Health of 400,000 Americans and Found That Bad Bosses May Actually Be Giving You Heart Disease." July 9, https://www.businessinsider.com/toxic-workplaces-bad-bosses-low-trust-link-to-cardiovascular-disease-2019-7

Der Spiegel (2009): Goldman-Sachs-Chef fordert kollektive Demut seiner Branche. Erreichbar unter: https://www.spiegel.de/wirtschaft/finanzkrise-goldman-sachs-chef-fordert-kollektive-demut-seiner-branche-a-622504.html (zuletzt abgerufen am 14.10.2021)

Der Spiegel (2017): Martin Winterkorn wird 70: Die Arroganz der Macht. Erreichbar unter: https://www.spiegel.de/wirtschaft/unternehmen/martin-winterkorn-wird-70-die-arroganz-der-macht-a-1149070.html, 11/6/2019 (zuletzt abgerufen am 14.10.2021)

Ding, H./Chu, X. (2020): Employee Strengths Use and Thriving at Work: The Roles of Self-Efficacy and Perceived Humble Leadership. In: *Journal of Personnel Psychology*, Vol. 19 (4), S. 197-205

Ding, H./Yu, E. et al. (2020): Humble Leadership Affects Organizational Citizenship Behavior: The Sequential Mediating Effect of Strengths Use and Job Crafting. In: *Frontiers in Psychology*, Vol. 11, Article 65

Drucker, P. (1982): The Changing World of the Executive, New York

Dutton, K. (2013): Psychopathen. Was man von Heiligen, Anwälten und Serienmördern lernen kann, 5. Aufl., München

Edmondson, A. (2011): Strategies for Learning from Failure. In: *Harvard Business Review*, Vol. 89 (4), S. 48-55

Edmondson, A. (2020): Die angstfreie Organisation, München

Eickhölter, J. (2014): Die helfende Organisation: Workplace Counselling – psychotherapeutische Zugänge und Handlungsansätze. In: von der Oelsnitz, D./Schirmer, F./Wüstner, K. (Hrsg.): Die auszehrende Organisation. Leistung und Gesundheit in einer anspruchsvollen Arbeitswelt, Wiesbaden, S. 293-318

Eva, N. et al (2019): Servant Leadership. A Systematic Review and Call for Future Research. In: *Leadership Quarterly*, Vol. 30, S. 111-132

Fischer, K. (2021): Der Preis der Freiheit. In: *Wirtschaftswoche*, Nr. 36, S. 90-93

Fontane, T. (2019): Der Stechlin, 19. Aufl., Köln (Erstausgabe 1898)

Frank, F. (2020): Mit Demut zum Erfolg. Leadership im 21. Jahrhundert, Wiesbaden

Frankl, V. (1982): Ärztliche Seelsorge. Grundlagen der Logotherapie und Existenzanalyse, Wien/Frankfurt a. M.

Frankl, V. (1984): Man's Search for Meaning. An Introduction to Logotherapy, New York

Frankl, V. (2007): Der Mensch vor der Frage nach dem Sinn, 30. Aufl., München.

Galvin, B./Lange, D./Ashforth, B. (2015): Narcissistic Organizational Identification. Seeing Oneself as Central to the Organization's Identity. In: *Academy of Management Review*, Vol. 40 (2), S. 163–181

George, B. (2003): Authentic Leadership. Rediscovering the Secrets to Create Last Thing Value, San Francisco

Glassdoor (2018). Glassdoor Study Reveals What Job Seekers Are Really Locking for. July 25, 2018. https://www.glassdoor.com/employes/blog/salary-benefits-survey/

Greenleaf, R. (2007): The Servant as Leader. In: Zimmerli, W. et al. (Hrsg.): Corporate ethics and corporate governance, Berlin/Heidelberg, S. 79–85

Grijalva, E. et al. (2019): Examining the „I" in Team: A Longitudinal Investigation of the Influence of Team Narcissism Composition on Team Outcomes in the NBA. In: *Academy of Management Journal*, S. 1–57

Gupta, A./Nadkarni, S. & Mariam, M. (2019): Dispositional Sources of Managerial Discretion: CEO Ideology, CEO Personality, and Firm Strategies. In: *Administrative Science Quarterly*, Vol. 64 (4), S. 855–893

Güth, W./Schmittberger, R./Schwarze, B. (1982): An Experimental Analysis of Ultimatum Bargaining. In: *Journal of Economic Behavior and Organization*, Vol. 3 (4), S. 367–388

Hackman, J.R./Oldham, G. (1976): Motivation through the design of work. In: *Organizational Behavior and Human Performance*, 16. Jg., S. 250–279

Hambrick, D./Mason, P. (1984): Upper Echolons: The Organization as a Reflection of Its Top Managers. In: *Academy of Management Review*, Vol. 9 (2), S. 193–206

Hamel, G./Breen, B. (2008): Das Ende des Managements. Unternehmensführung im 21. Jahrhundert, Berlin

Han, Byung-Chul (2011): Die Müdigkeitsgesellschaft, 6. Aufl., Berlin

Harms, P./Han, G. (2019): Algorithmic Leadership: The Future is now. In: *Journal of Leadership Studies*, Vol. 12 (4), S. 74–75

Heidbrink, M./Berg, V./Feltes, F. (2021): Die Jungbullen kommen. In: *Harvard Business Manager*, 23. Jg., Nr. 5, S. 39–53

Hickman, A./Pendell, R. (2018): Gallup-Studie *The End of Management* (31. Mai); erreichbar unter: https://www.gallup.com/workplace

Howell, J. (1988): Two Faces of Charisma: Socialized and Personalized Leadership in Organizations. In: Conger, J./Kanungo, R. (Hrsg.): Charismatic Leadership. The Elusive Factor in Organizational Effectiveness, San Francisco, S. 213–236

Howell, J./Avolio, B. (1992): The Ethics of Charismatic Leadership: Submission or Liberation? In: *Academy of Management Executive*, Vol. 6 (2), S. 43–54

Hume, D. (1912): An Enquiry Concerning the Principles of Morals; Section VIII

Ingraham, C. (2018): Your Boss Has a Huge Effect on Your Happiness, Even When You're Not in the Office. Washington Post, October 9, 2018; erreichbar unter: https://www.washingtonpost.com/business/2018/10/09/your-boss-has-huge-effect-your-happiness-even-when-youre-not-office/?utm_term=352176c17846

Janßen, A. (2016): So sieht Erfolg aus. In: *Wirtschaftswoche*, Nr. 44, S. 18

Janssen, B. (2021): „Wir können Angebote machen, aber nicht über die Entwicklung der Menschen verfügen". In: *Personalführung*, Nr. 11, S. 44–49

Janssen, B. (2016): Die stille Revolution, 10. Aufl., München

Janssen, B./Grün, A. (2017): Stark in stürmischen Zeiten, 5. Aufl., München

Kant, I. (1803): Über Pädagogik. Bemerkungen aus den über diesen Gegenstand bei der Universität mehrmals gehaltenen Vorträgen, hrsg. von Friedrich Theodor Rink, Königsberg

Karren, R.J./Zacharias, L. (2007): Integrity Tests: Critical Issues. In: *Human Resource Management Review,* Vol. 17 (2), S. 221–234

Kastner, M. (2011): Ganzheitliches Gesundheitsmanagement in Unternehmen. In: Stock-Homburg, R./Wolff, B. (Hrsg.): Handbuch Strategisches Personalmanagement, Wiesbaden, S. 485–513

Kaufmann, S. et al. (2019): The Light vs Dark Triad of Personality: Contrasting Two Very Different Profiles of Human Nature. In: *Frontiers of Psychology,* Vol. 10, S. 1–26.

Kellerman, B. (2004): Bad leadership. What it is, how it happens, why it matters, Boston.

Kelley, R. (1992): The power of followership: How we create Leaders people want to follow and Followers who lead themselves, New York.

Kets de Vries, M. (1998): Führer, Narren und Hochstapler. Essays über die Psychologie der Führung, Stuttgart

Knischek, S. (2009): Lebensweisheiten berühmter Philosophen. 4000 Zitate von Aristoteles bis Wittgenstein, 10. Aufl., Humboldt Verlag – Reihe Information und Wissen

Klotz, U. (2009): Soziale Netzwerker – die Zukunft der Arbeit. In: Caspary, R. (Hrsg.): Zukunft jetzt!, Stuttgart, S. 137–156

König, A. et al. (2018): A Blessing and a Curse: How CEOs' empathy affects their Management of Organizational crises. In: *Academy of Management Review.* Erreichbar unter: https://doi.org/10.5465/amr.2017.0387

Kofman, F./Senge, P. (1999): Communities of Commitment: The Heart of Learning Organizations. In: *Organizational Dynamics,* Vol. 22, (2), S. 5-23. Erreichbar unter: https://doi.org/10.1016/0090-2616(93)90050-B

Kotter, John P. (1997): Matsushita. Der erfolgreichste Unternehmer des 20. Jahrhunderts, Wien/Frankfurt a. M.

Kuhn, T./Weibler, J. (2012): Führungsethik in Organisationen, Stuttgart

Kuhn, T./Weibler, J. (2020): Bad Leadership. Von Narzissten und Egomanen, Vermessenen und Verführten, München

Langton, R. (2004): Kantian humility: Our ignorance of things in themselves. In: Oxford Scholarship Online.

Lee, K./Ashton, M. (2005): Psychopathy, Machiavellianism, and Narcissism in the Five-Factor Model and the HEXACO model of personality structure. In: *Personality and Individual Differences,* Vol. 38 (7), S. 1571–1582. https://doi.org/10.1016/j.paid.2004.09.016

Liden, R. et al. (2014): Servant Leadership and Serving Culture: Influence on Individual and Unit Performance. In: *Academy of Management Journal,* Vol. 57, S. 1434–1452

LRN (2021): The State of Moral Leadership in Business Report 2020. (Head: Dov Seidman). Erreichbar unter: https://thehowinstitute.org/the-state-of-moral-leadership-in-business-2020/

Maccoby, M. (2000): Narzisstische Unternehmensführer im Kommen. In: *Harvard Business Manager*, 22. Jg., S. 14-22

Maccoby, M. (2003): The Productive Narcissist: The Promise and Peril of visionary Leadership, New York

Mao, J. et al. (2018): Growing Followers: Exploring the Effects of Leader Humility on Follower Self-Expansion, Self-Efficacy, and Performance. In: *Journal of Management Studies*, Vol. 56 (2), S. 343–371.

McClelland, D./Burnham, D. (2003): Power is the Great Motivator. In: *Harvard Business Review*, 81. Jg., S. 117–126. (Neuabdruck von 1976.)

Milgram, S. (1963): Behavioral Study of Obedience. In: *Journal of Abnormal and Social Psychology*, Vol. 67 (4), S. 371–378

Mintzberg, H. (2005): Managers not MBAs. A hard look at the soft practice of managing and management development. London/San Francisco

Morgan, J. (2020): The Future Leader, Hoboken

Morrell, M./Capparell, S. (2020): Shackletons Führungskunst. Was Manager von dem großen Polarforscher lernen können, 14. Aufl., Hamburg

Morris, J./Brotheridge, C./Urbanski, J. (2005): Bringing humility to leadership: Antecedents and consequences of leader humility. In: Human Relations, Vol. 58 (10), S. 1323-1350. Auch erreichbar unter: https://doi.org/10.1177/0018726705059929

Mudassar, A./Khan, S./Jamal-Shah, S. (2020): Linking Humble Leadership and Project Success: The Moderating Role of Top Management Support with Mediation of Team-Building. In: *International Journal of Managing Projects in Business*, Vol. 14 (3), S. 545–562. Erreichbar unter: https://doi.org 10.1108/IJMPB-01-2020-0032

Münk, K. (2006): „Und morgen bringe ich ihn um!". Als Chefsekretärin im Top-Management, Frankfurt am Main

Neuberger, O. (1997): Zur Verkommenheit der Manager – Pathologien der Individualisierung. In: Scholz, C. (Hrsg.): Individualisierung als Paradigma, Stuttgart, S. 135–158

Oc, B. et al (2019): Humility reads authenticity: How authentic leader humility shapes follower vulnerability and felt authenticity. In: *Organizational Behavior and Human Decision Processes* Vol. 158, S. 112-125. Auch erreichbar unter: https://doi.org/10.1016/j.obhdp.2019.04.008

Oelsnitz, D. von der (1999): Transformationale Führung im organisationalen Wandel: Ist alles machbar? Ist alles erlaubt? In: *Zeitschrift Führung + Organisation*, 68. Jg., Nr. 3, S. 151–155

Oelsnitz, D. von der (2012): Der Vorgesetzte als Mensch – oder doch lieber als Vorgesetzter? Gedanken zur hellen und dunklen Seite der Führung. In: Stein, V./Müller, S. (Hrsg.): Aufbruch des strategischen Personalmanagements in die Dynamisierung, München, S. 211–223

Oelsnitz, D. von der (2014): Die frustrierende Organisation: Ungeschicktes Job Design und forcierte Entfremdung. In: von der Oelsnitz, D./Schirmer, F./Wüstner, K. (Hrsg.): Die auszehrende Organisation. Leistung und Gesundheit in einer anspruchsvollen Arbeitswelt, Wiesbaden, S. 89–112

Oelsnitz, D. von der (2014): Konosuke Matsushita. In: *Das Wirtschaftsstudium*, 43. Jg., Nr. 8/9, S. 998 f.

Oelsnitz, D. von der (2017): Gig-Economy: Befreiung oder Prekariat? In: *Neue Zürcher Zeitung*, 2. November, Nr. 255, S. 16

Oelsnitz, D. von der (2018): Die Gig-Economy. Chancen und Risiken elektronischer Marktplätze. In: *Universitas*, 73. Jg., Nr. 2, S. 19-33

Oelsnitz, D. von der/Becker, J. (2017): Sinnerfülltes Arbeiten. Die Basis von Initiative und Wohlbefinden. In: *Zeitschrift für Führung + Organisation*, 86. Jg., Nr. 1, S. 4–9

Oelsnitz, D. von der/Staiger, A.-M. (2017): Arbeit 4.0 – Führung und Organisation im digitalen Wandel. In: Schwuchow, K./Gutmann, J. (Hrsg.): HR-Trends 2018. Strategie, Kultur, Innovation, Konzepte, Freiburg, S. 258–267

Oelsnitz, D. von der/Busch, M. (2010): Narzisstische Manager – falsche Götter am Unternehmenshimmel? In: *Zeitschrift für Führung + Organisation*, 79. Jg., Nr. 3, S. 186–188

Ogger, G. (1998): König Kunde – angeschmiert und abserviert, München

Ou, A./Waldman, D./Peterson, S. (2015): Do Humble CEOs Matter? In: *Journal of Management*, DOI: 10.1177/0149206315604187

Ou, A./Tsui, A./Kinicki, A. (2014): Humble Chief Executive Officers' Connections to Top Management Team Integration and Middle Managers' responses. In: *Administrative Science Quarterly*, Vol. 59 (1), S. 34–72

Owens, B./Hekman, D. (2012): Modeling How to Grow: An Inductive Examination of Humble Leader Behaviors, Contingencies, and Outcomes. In: *Academy of Management Journal*, Vol. 55 (4), S. 787-818. Auch erreichbar unter: https://doi.org/10.5465/amj.2010.0441

Owens, B./Hekman, D. (2016): How Does Leader Humility Influence Team Performance? In: *Academy of Management Journal*, Vol. 59, S. 1088–1111

Owens, B./Johnson, M./Mitchell, T. (2013): Expressed Humility in Organizations: Implications for Performance, Teams and Leadership. In: *Organizational Science*, Vol. 24 (5), S. 1517-1538

Padilla, A./Hogan, R./Kaiser, R. (2007): The Toxic Triangle: Destructive Leaders, susceptible followers, and conductive Environments. In: *Leadership Quarterly*, Vol. 18 (3), S. 176–194

Palmer, J./Holmes, R./Perrewe', P. (2020): The Cascading Effects of CEO Dark Triad Personality on Subordinate Behavior and Firm Performance. In: *Group & Organization Management*, Vol. 45 (2), S. 143–180

Pearsall, M./Ellis, A. (2011): Thick as Thieves: The Effects of Ethical Orientation and Psychological Safety on unethical Team behavior. In: *Journal of Applied Psychology*, Vol. 96 (2), S. 401–411

Peters, T./Waterman, R. (1990): Auf der Suche nach Spitzenleistungen, München

Petersen, S./Galvin, B./Lange, D. (2012): CEO Servant Leadership. Exploring Executive Characteristics and Firm Performance. In: *Personnel Psychology*, Vol. 65 (3), S. 565–596

Popper et al. (2000): Narcissism and attachment patters of personalized and socialized Charismatic Leaders. In: *Journal of Social and Personal Relationships*, Vol. 19 (6), S. 797–809

Post, J. (1984): Dreams of Glory and the Lifecycle: Reflections on the Life Course of Narcisstic leaders. In: *Journal of Political and Military Sociology*, Vol. 12, S. 49-60

Proff, I. (2021): Weltreisende in Sachen Gehorsam. In: *Gehirn & Geist*, Nr. 12, S. 56–61

Redelheimer, D./Singh, S. (2001): Social status and Life expectancy in an Advantaged Population. A study of Academy award-winning actor. In: *Annals of Internal Medicine*, 134, S. 5-21.

Ren, Q. et al. (2020): Can CEO's Can CEO's Humble Leadership Behavior Really Improve Enterprise Performance and Sustainability? A Case Study of Chinese Start-Up Companies. In: Sustainability, Vol. 12. Doi: 10.3390/su12083168

Ritter, J. et al. (2017): Historisches Wörterbuch der Philosophie online. Basel

Roberts, R./Wood, W. (2003): Humility and Epistemic Goods. In: DePaul, M./Zagzebski, L. (Hrsg.): Intellectual Virtue, S. 257–280. Oxford University Press. Auch erreichbar unter: https://doi.org/10.1093/acprof:-oso/9780199252732.003.0012

Rowatt, W. et al. (2002): On Being Holier-Than-Thou or Humbler Than-Thee: A Social-Psychological Perspective on Religiousness and Humility. In: *Journal for the Scientific Study of Religion*, Vol. 41, S. 227–307

Russell, B. (2001): Macht, Hamburg/Wien

Schein, E./Schein. P. (2018): Humble Leadership. The Power of Relationships, Openness and Trust, Oakland

Saß, H. et al. (2003): Diagnostisches und Statistisches Manual Psychischer Störungen – DSM-IV-TR, Göttingen

Scheuch E. (2001): Deutsche Pleiten. Manager im Größenwahn, München

Schnorrenberg, L. (2007): Servant Leadership — die Führungskultur für das 21. Jahrhundert. In: Hinterhuber, H. et al. (Hrsg.): Servant Leadership. Prinzipien dienender Unternehmensführung, Berlin, S. 17– 39

Schwartz, J./Stone, A. (1993): Coping with Daily Work Problems. Contributions of Problem content, Appraisals, and Person Factors. In: *Work & Stress*, Vol. 7 (1), S. 47–62

Seligman, M (2010): Der Glücks-Faktor. Warum Optimisten länger leben, 7. Aufl., Köln

Seligman, M. (2011): Flourish. Wie Menschen aufblühen, 3. Aufl., München

Shellenberger, S. (2018): The Best Bosses are Humble Bosses. In: Wall Street Journal, 09.10.2018, (www.wsj.com), https://tinyurl.com/yd83w33t (letzter Zugriff: 16.11.2020)

Sigrist, J. (2006): Was trägt Stressforschung zur Erklärung des sozialen Gradienten koronarer Herzkrankheiten bei? In: *Deutsche Medizinische Wochenschrift*, Nr. 131, S. 762–766

Sinek, S./Mead, D./Docker, P. (2009): Start with Why: How Great Leaders inspire everyone to take Action, New York

Smith, I./Kouchaki, M. (2018): Moral Humility: In Life and at Work. In: *Research in Organizational Behavior*, Vol. 88, S. 77–94

Solomon, C. (1992): Ethics and Excellence. Cooperation and Integrity in Business, New York

Sprenger, R. (2015): Das anständige Unternehmen, München

Staiger, A.-M./Schmidt, J./Oelsnitz, D. von der (2022): How well did I do? The Effect of Feedback on Affective Commitment in the Context of Microwork. In: Proceedings of the 55th Hawaii International Conference on System Sciences, S. 5221-5230

Sümer, H. et al. (2001): Using a Personality-Oriented Job Analysis to Identify Attributes to be Assessed in Officer Selection. In: *Military Psychology*, Vol. 13, S. 129–145

Sun, P. (2018): The Motivation to Serve as a Corner Stone of Servant Leadership. In: van Dierendonck, D./Patterson, K. (eds.): Practicing Servant Leadership, S. 63–80

Sutton, R. (2008): Der Arschlochfaktor. Vom geschickten Umgang von Aufschneidern, Intriganten und Despoten im Unternehmen. 3. Aufl., München

Suzman, J. (2021): Sie nannten es Arbeit. 2. Aufl., München

Thoroughgood, C. et al. (2012): The Susceptible Circle: A Taxonomy of Followers associated with Destructive Leadership. In: *Leadership Quarterly*, Vol. 23 (5), S. 897–917

Twenge, J./Campbell, W. (2014): The Narcissism Epidemic: Living in the Age of Entitlement. New York

Van Scotter, J./Roglio, K. (2018): CEO Bright and Dark Personality: Effects on Ethical Misconduct. In: *Journal of Business Ethics*, Vol. 164 (3), S. 451–475

Van Dierendonck, D. (2011): Servant Leadership: A Review and Synthesis. In: *Journal of Management*, Vol. 37 (3), S. 1228–1261

Vera, D./Rodriguez-Lopez, A. (2004): Strategic Virtues. In: *Organizational Dynamics*, Vol. 33, (4), S. 393–408. https://doi.org/10.1016/j.orgdyn.2004.09.006

Weibler, J. (2001): Personalführung, München

Weibler, J. (2017): Zorn auf die Falschspieler – Götterdämmerung im Top-Management? Erreichbar unter: https://www.leadership-insiders.de/zorn-auf-die-falschspieler-goetterdaemmerung-im-top-management/(letzter Zugriff 14.10.2021)

Weibler, J. (2020): Führungsaufgabe „Psychologische Sicherheit“. Erreichbar unter: https://www.leadership-insiders.de/fuehrungsaufgabe-psychologische-sicherheit/(letzter Zugriff 14.10.2021

Weibler, J. (2021): Zur Rolle von Partizipation in Führungskonzepten früher und heute. In: Was heißt unternehmerische Verantwortung heute? Bertelsmann-Stiftung, Gütersloh, S. 56–75

Weiss, H./Knight, P. (1980): The Utility of Humility. Self-esteem Information Search, a problem-solving efficiency. In: *Organizational Behavior and Human Performance*, Vol. 25 (2), S. 216–223

Werle, K. (2010): Die Perfektionierer. Warum der Optimierungswahn uns schadet – und wer wirklich davon profitiert, Frankfurt/Main.

Wink, P. (1991): To Faces of Narcissism. In: *Journal of Personality and Social Psychology*, Vol. 61 (4), S. 590–597

Winter, D. (2002): The Motivational Dimensions of Leadership: Power, Achievement, and Affiliation. In: Riggio, R./Murphy, S./Pirozzolo, F. (Hrsg.): Multiple Intelligences and Leadership, Mahwah/London, S. 124–144

Winterhoff-Spurk, P. (2008): Unternehmen Babylon. Wie die Globalisierung die Seele gefährdet, Stuttgart

Yuan, L./Zhang, L./Tu, Y. (2018): When a Leader is seen as too humble. In: *Leadership & Organization Development Journal*, Vol. 39 (4), S. 468–481.

Zotz, V. (2000): Konfuzius, Hamburg

Wenn Führung destruktiv, toxisch, tyrannisch und negativ wird.

Schlechte Führung ist Alltag. Sie richtet sich gegen Menschen und Organisationen und ist gleichzeitig das Produkt von Personen und Institutionen. Häufig ist sie gut getarnt, gibt sich kaum zu erkennen, präsentiert Erfolge und findet Beifall. So immens ihre Schäden für viele, so groß mitunter ihr Nutzen für manche.

Eine kompakte und anschauliche Anleitung zum Erkennen und Verstehen schlechter Führung – aber auch ein Ratgeber, wie dem **Bad Leadership** zu begegnen und ein **Good Leadership** auf den Weg zu bringen ist.

Kuhn/Weibler
Bad Leadership

2020. Rund 140 Seiten.
Kartoniert ca. € 19,80
ISBN 978-3-8006-6250-0

Portofreie Lieferung
≡ **vahlen.de/**

Vahlen